室内设计资料集

理想·宅 编著

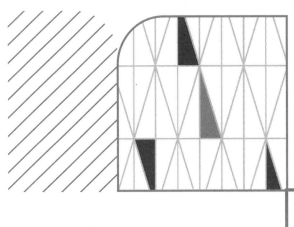

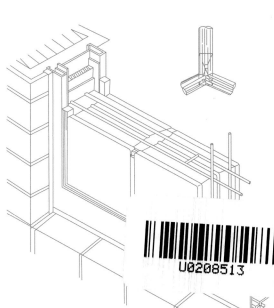
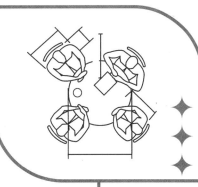
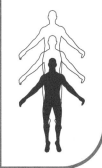

U0208513

北京希望电子出版社
Beijing Hope Electronic Press
www.bhp.com.cn

内容简介

本书内容基本涵盖室内设计中需要经常查阅的知识点、规范条例、常用数据等。全书分为8 章，内容包含风格设计、人体工程学设计、装饰构造设计、装饰造型设计、色彩设计、光环境设计、软装设计和室内设计工程制图。

本书可供室内专业设计人员和在校学生使用，也可作为大专院校建筑、室内环境艺术专业的教学参考书。

图书在版编目（CIP）数据

室内设计资料集 / 理想·宅编著 . –– 北京 : 北京希望电子出版社 , 2021.4
ISBN 978-7-83002-823-7

Ⅰ . ①室… Ⅱ . ①理… Ⅲ . ①室内装饰设计 Ⅳ . ① TU238.2

中国版本图书馆 CIP 数据核字 (2021) 第 053170 号

出版：北京希望电子出版社	封面：杨 莹
地址：北京市海淀区中关村大街 22 号	编辑：周卓琳
中科大厦 A 座 10 层	校对：李 培
邮编：100190	开本：710mm×1000mm 1/16
网址：www.bhp.com.cn	印张：22.5
电话：010-82626261	字数：500 千字
传真：010-62543892	印刷：北京军迪印刷有限责任公司
经销：各地新华书店	版次：2021 年 4 月 1 版 1 次印刷

定价：128.00 元

室内设计是在建筑提供的空间基础上，结合人们的物质生活与精神生活的需要，运用多种手法再创造一种人工环境。但室内环境的再创造必须充分考虑到人的行为方式、心理需要、空间功能要素以及技术的可行性、艺术风格的匹配性等诸多因素。室内设计涉及的知识范围非常广泛，因此，室内设计师在设计过程中经常要查阅一些有关人体工程学、风格设计、构造设计、配色值、灯光设计、软装设计及室内制图等问题的相关数据与实景资料图。为了提高设计师的日常工作效率，不用因查询零碎的资料而降低效率，我们编写了这本书。

本书主要功能是让设计师在设计中遇到需要确认的数据、尺寸或布置图等时，能够通过查阅快速找到相关的资料。本书基本涵盖了室内设计中经常用到的知识点、常用数据、规范条例等。本书以实现快速查阅内容为编排的立足点，减少过多赘述的文字，以代表性实物、实景为主。

书中所涉及的知识及资料繁多，经过漫长地收集和整理之后，书中内容仍有待提高，希望读者朋友多多指正。

前 言

编　　者

目 录
CONTENTS

031 /

第二章
人体工程学设计

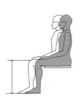

089 /

第三章
装饰材料
与构造设计

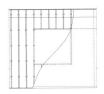

167 /

第四章
室内造型设计

203 /

**第五章
室内色彩设计**

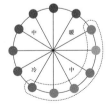

319／

第八章
室内设计工程制图

1

第一章

室内风格设计

室内风格即室内设计的风度和品格，它往往与建筑的样式以至家具的风格和流派紧密结合，体现出室内设计创作的艺术特色和个性。同时，它还受不同地区自然环境以及人们的生活习惯和审美观念等因素的影响。

第一节　传统风格

1. 中式古典风格

中式古典风格是以宫廷建筑为代表的中国古典建筑的室内设计艺术风格，家具多为气势恢宏的传统家具，造型讲究对称，擅长运用浓烈、深沉的色彩。风格本身崇尚自然，装饰材料以木材为主，常见花鸟鱼虫图案或回字纹、冰裂纹等传统纹样。

传统风格实景案例

（1）色彩

/ 棕色系 /

中式古典风格的家居配色要体现沉稳、厚重的基调，因此在家具上常见棕色系。

/ 帝王黄 /

黄色系作为皇家的象征，彰显富贵感。与棕色系搭配，不仅能提高空间亮度，还能增添高雅感。

/ 中国红 /

红色对于中国人来说象征着吉祥、喜庆，体现在软装中，代表着生活的激情，也令人感受到热烈的东方美。

（2）家具

/ 明清家具 /

明清家具不仅仅是家具，更是具有悠久历史的中国古代艺术品，以其精美而质朴的特征装饰空间。

/ 圈椅 /

造型比较古朴、方正，主要功能是用于陈放古玩佳器，或山石盆景。

/ 博古架 /

博古架为类似书架式的木器，或倚墙而立、或隔断空间充当屏障，还可以陈设古玩器物，美化居室。

（3）材质

/ 木材 /

重色木材更有传统韵味，常用于家具、地板、顶面等。

/ 文化石 /

镶嵌在墙上刻有传统中国纹饰的浮雕，极具品鉴价值。常用于背景装饰墙。

（4）装饰品

/ 茶案装饰 /

茶在中国有着悠久的历史，具有传统特色。茶案则秉承了传统文化，可以营造出古典气韵。

/ 书法装饰 /

书法是中华民族的文化瑰宝，这种古老的文化艺术，将传统的文化技艺与深厚的民族韵味定格在空间中，渲染文化氛围。

（5）形状图案

/ 镂空类造型 /

常用的有回字纹、冰裂纹等，可用在电视墙、门窗、屏风等处，令居室具有层次感，也能增添古典韵味。

/ 垭口造型 /

垭口即不安装门的门口，简单说，就是没有门的框。垭口越来越频繁地取代门在家中的位置，演变出另一种空间分割的方式。

2. 欧式古典风格

　　欧式古典风格室内色彩鲜艳，多采用带有图案的壁纸、地毯、窗帘、床罩、帐幔以及古典装饰画或物件。为体现华丽的风格，家具、门、窗多漆成棕红色，家具、画框的线条部位饰以金线、金边。风格本身华丽、高雅，具有强烈的文化韵味和历史内涵。

（1）色彩

/ 红棕色 /

　　红棕色色调沉稳，具有古典气质，常见于家具、护墙板、地板，充分营造出华贵、典雅的欧式空间。

/ 红色、黑色、绿色点缀 /

　　浊色调的红色、绿色以及黑色，在欧式古典风格中，可以通过摆放这三种色彩的家具或布艺来丰富空间配色，提升品质。

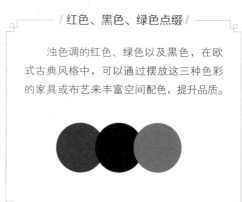

（2）家具

/ 兽腿家具 /

　　兽腿家具繁复精致的雕花、流畅的线条，可以增强空间的流动感，也可以令家居环境更具质感，表达出家居空间对古典艺术美的追求。

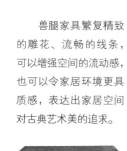

/ 贵妃沙发床 /

　　贵妃榻的外形高贵、造型优美、曲线玲珑，可以传达出奢美、华贵的宫廷气息。

/ 欧式四柱床 /

　　四柱床起源于古代欧洲贵族社会，不仅可以保护隐私，也能够展示财富，用在卧室中可以彰显高贵气韵。

（3）材质

/ 石材拼花 /

石材拼花被广泛应用于地面、墙面、台面、柱体等装饰，以石材的天然美"拼"出精美的图案，可以体现出欧式古典风格的雍容与大气。

/ 欧式花纹壁布 /

常选用带有欧式古典纹样的壁布，但不会大面积地铺装，可以与护墙板搭配使用。

/ 皮革软包 /

软包造型很立体，能够柔化整体空间的氛围，一般可用于家具中的沙发、椅子、床头等位置。

（4）装饰品

/ 罗马帘 /

欧式古典罗马帘自中间向左右分出两条大的波浪形线条，装饰效果非常华丽，常用于大型的落地窗。

/ 水晶吊灯 /

水晶吊灯给人奢华、高贵的感觉，很好地传承了西方文化的底蕴，也可以令欧式别墅中的挑高吊顶不显空旷。

/ 壁炉 /

壁炉是西方文化的典型载体，拥有浓郁的贵族宫廷色彩。在欧式古典风格的家居中，既可以设计一个真壁炉，也可以设计一个壁炉造型，皆可营造出西方生活的情调。

/ 拱券 /

拱券是一种建筑结构。它除了竖向荷重时具有良好的承重特性外，还起着装饰美化的作用。欧式古典风格的门、门洞及窗经常会采用此种形式。

3. 美式乡村风格

美式乡村风格有着欧式的奢侈，又结合了美洲大陆的大气与随意，同时，美式风格着重体现一种自然感，常会大量运用天然材质和绿植，配色上也常是自然的色调，如绿色、土褐色。该风格的空间讲求变化性，很少采用横平竖直的线条，而是通过拱门、家具脚线来凸显设计的独特匠心。

（1）色彩

/ 棕色系 /

棕色系是最接近泥土的颜色，常给人自然、质朴之感，经常运用在墙面、地面、家具和布艺中，可以给空间带来稳定感。

/ 绿色系 /

绿色系最能体现大自然生机盎然的气息，可以运用在家居中的墙面装饰或布艺软装上。

/ 浊色调红色点缀 /

浊色调红色的色彩低调，又与棕色相近，所以点缀于软装之中，以丰富配色层次。

（2）家具

/ 粗犷的木家具 /

美式乡村风格的家具主要以殖民时期为代表，体积庞大，质地厚重，材质常为可就地取材的松木、枫木，不用雕饰，仍保有木材原始的纹理和质感，创造出一种古朴的质感，展现原始粗犷的美式风格。

/ 皮沙发 /

由于皮沙发由动物皮加工而成，且大多为棕色系，因此也带有粗犷、质朴的特质，与美式乡村风格的空间搭配和谐。

/ 布艺家具 /

一般为带有鲜艳花纹的布艺和精美雕花的实木材质相结合。

（3）材质

/实木/

美式乡村风格常用厚重木材来体现粗犷感，常会保留木材原本的色彩，然后雕刻上图案。实木常被用于家具、墙面、顶面、地面之中。

/棉麻布艺/

布艺的天然质感与美式乡村风格追求质朴、自然的基调相协调，因此常被运用在窗帘、抱枕、床品等领域。

（4）装饰品

/花纹地毯/

带有繁复花纹的地毯，虽然具有自然感，但不会显得小气。

/铁艺灯/

黑色的金属支架，体现出厚重、冷静的质感。暖色调的光线可以衬托出美式家居的自然、拙朴。

/自然风光的油画/

大幅的风景油画，色彩的明暗对比可以产生空间感，适合美式乡村家居追求阔达空间的需求；也可以选用两到三幅小型木框组合的自然装饰画，体现空间的自然、灵动。

（5）形状图案

/圆润的线条/

不管家具、空间造型还是门窗都能圆润可爱，这样的线条可以营造出美式风格的舒适和惬意感。

/花鸟植物图案/

美式风格追求自然天性，因此花鸟虫鱼这类图案十分常见，体现出浓郁的自然风情。

4. 地中海风格

地中海风格带给人地中海海域的浪漫氛围，充满自由、纯美气息。色彩设计从地中海流域的特点中取色；造型方面沿用民居的造型外观，线条十分圆润；图案方面则常见海洋元素，清新而凸显风格特征。地中海风格的家居中，冷材质与暖材质皆应用广泛。暖材质主要体现在木质家具和棉织布艺上，冷材质主要表现在铁艺和玻璃饰物上。

（1）色彩

/ 蓝色 + 白色 /

配色灵感源自希腊的白色房屋和蓝色大海的组合，是最经典的地中海风格配色，效果清新、舒爽。常见蓝色门窗搭配白色墙面，或蓝白相间的家具。

/ 黄色 + 蓝色 /

配色灵感源于意大利的向日葵，具有天然、自由的美感。以高纯度黄色搭配蓝色，提高空间明亮度的同时避免配色效果过于刺激。

/ 白色 + 大地色 /

属于典型的北非地域配色，呈现热烈感觉，犹如阳光照射的沙漠。大地色包括土黄色系和红褐色系，可以运用在顶面、家具及部分墙面，为了避免厚重，可以搭配白色。

（2）家具

/ 船型家具 /

船型家具独特的造型可以令人感受到来自地中海沿岸的海洋风情。一般作为边柜或床头柜使用，儿童房中也能出现船型的睡床。

/ 擦漆木家具 /

有些木家具会做擦漆做旧处理，可以让家具呈现出古典家具才有的质感，更能展现出家具在地中海的碧海晴天之下被海风吹蚀的自然印迹。

（3）材质

/ 原木 /

原木材料保留了木头原始的色彩和纹理，带有天然质朴感，常用于顶面、家具中。

/ 马赛克 /

马赛克瓷砖常用于台面、墙面或地面局部的铺贴，选择白色与蓝色的搭配，更能体现出风格感。

（4）装饰品

/ 地中海吊扇灯 /

地中海吊扇灯既具有灯的装饰性，又具有风扇的实用性，可以将古典和现代完美结合，常常出现在地中海风格的客厅和餐厅中。

/ 圣托里尼装饰画、手绘墙 /

圣托里尼题材的装饰画，干净的配色可以很好地与空间融合，更添加了空间的海洋气息。

/ 贝壳、海星等装饰 /

这些小装饰既可以作为悬挂装饰，也可以作为墙面壁饰，或当作工艺品摆放，在细节处为地中海风格的家居增加活跃、灵动的气氛。

（5）形状图案

/ 拱形 /

受古罗马与奥斯曼土耳其的影响，地中海建筑喜欢在墙面上开半圆形或马蹄形的拱形门窗。

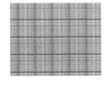

/ 条纹、格子纹 /

由于地中海风格带有一定的自然性，因此适用于田园风格的格子、条纹图案也会出现在地中海风格的家居中，一般用在布艺织物中。

5. 东南亚风格

东南亚风格取材天然，讲求自然、环保，无论硬装还是软装均遵循这一原则。取材基本源于纯天然材料，如藤、木、棉麻、椰壳、水草等。东南亚风格讲求利用浓郁的色彩体现异域风情，尤其表现在布艺装饰之中。图案主要来源于两个方面：一种是以热带风情为主的花草图案，另一种是极具禅意的图案。

（1）色彩

/ 褐色系 /

东南亚风格在色泽上多为来源于木材和泥土的褐色系，体现自然、古朴、厚重的氛围。

/ 紫色 /

紫色可以为空间营造出妩媚、高贵的视觉印象，充分彰显出神秘的热带雨林特色。常用在纱缦、抱枕等软装中。

/ 橙色、金色点缀 /

金色可以用在吊顶、墙面或是软装之中。如果觉得金色俗气，可以用橙色来替代，营造神秘精致的视觉效果。

（2）家具

/ 木雕家具 /

木雕家具是东南亚家居风格中最抢眼的部分。柚木是制作木雕家具的上好原料，它不易变形，带有特别的香味，颜色会随时间的流逝而变得更加美丽。

/ 藤艺家具 /

藤制家具天然环保，既符合此风格追求天然的诉求，其本身也能充分彰显来自天然的质朴感。

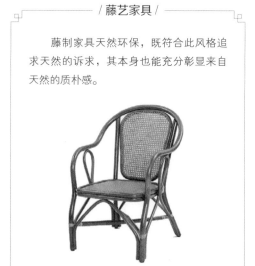

（3）材质

/ 藤 /

藤在东南亚风格中的出现频率较高，能将自然风格展现得淋漓尽致。常出现在家具、装饰物上，如藤编花瓶、藤编墙面挂饰、藤编收纳篮等。

/ 木材 /

追求自然的东南亚风格常用木材材料。木材被广泛应用于家具、地面、吊顶和墙面的装饰线之中。

（4）装饰品

— / 泰丝抱枕 / —

相对中国丝绸，泰丝质感较硬，能制作出很好的造型。抱枕一般会选择纯度较高的色彩和极具泰国民族风味的图案进行点缀。

— / 锡器 / —

锡器无论造型还是雕花图案都带有强烈的东南亚文化印记。一般常见茶具、花瓶等锡器，既具有装饰功能，实用性也很强。

— / 佛像饰品 / —

东南亚作为一个宗教性极强的地域，常把佛像元素作为信仰符号体现在家居装饰中。

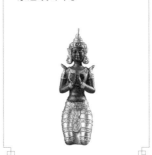

（5）形状图案

/ 佛像图案 /

禅意风格的图案常见佛像、佛手等，大多作为点缀出现在家居环境中。

/ 热带花草图案 /

花草图案与色彩非常协调，大多为同色系图案，一般呈区域性出现，例如用于墙面壁纸、拼花背景墙等。

6. 日式风格

日式风格直接受日本和式建筑的影响，以淡雅节制、深邃禅意为境界，重视实际功能。在色彩上不讲究斑斓美丽，通常以素雅为主，淡雅、自然的颜色常作为空间主色。注重与大自然相融合，所用的装修建材也多为自然界的原材料，如木、竹、纸、藤等。日式风格家居给人的视觉观感十分清晰、利落，无论空间造型，还是家具，大多为横平竖直的直线条，很少采用带有曲度的线条。

（1）色彩

/ 白色、米黄色 + 木色 /

日式风格的家居色彩多偏重于浅木色，这种色彩被大量运用在家具、门窗、吊顶之中，同时常用白色作为搭配，可以令家居环境更显干净、明亮。如若喜欢更加柔和的配色关系，也可以把白色调整成米黄色。

（2）家具

/ 榻榻米、榻榻米床 /

榻榻米是日式风格中最具风格特征的元素之一。它既有一般凉席的功能，而且其下的收藏储物空间也是一大特色。

/ 日式茶桌 /

日式茶桌精致、小巧，其桌腿比较短，在茶桌上常会摆放日式清水烧茶具，为家居空间营造出闲适写意、悠然自得的生活环境。

/ 低矮的家具 /

日式家具低矮且体量不大，布置时的运用数量也较为节制，力求保证原始空间的宽敞、明亮感。

（3）材质

/ 实木 /

日式风格注重与大自然相融合，所用材料也多为自然界的原材料，如实木。实木材料既可以用在背景墙上，营造天然、质朴的空间印象；也可以用在家具或灯具外框架上。

/ 纸质材料 /

日本障子纸是日式风格中门窗的常见材料。障子门、障子窗既有实用的功能，又能充分体现出日式风格的侘寂、清幽之感。

（4）装饰品

/ 蒲团坐垫 /

蒲团是日式风格中的标志性元素，其藤类材质体现出一种回归原始的自然状态。蒲团作为佛教寺庙常见之物，给人清静平和之感。

/ 竹木灯具 /

竹质材料的灯具体现出的天然质感，非常符合日式风格的诉求。

/ 障子门窗 /

障子是一种在日式房屋中作为隔间使用的窗门。采用可拉式设计，可起到分隔和连通内部和外部的作用。

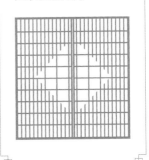

（5）形状图案

/ 和风花纹 /

和风花纹是日本传统特色的图案，常用于软装布艺之中，可以令家居环境展现唯美意境。

第二节 现代风格

1. 现代前卫风格

现代前卫风格强调突破旧有的传统，张扬个性，具体表现在极其大胆的色彩设计上，探求鲜明的效果反差，具有浓郁的艺术感。现代风格的造型、图案多以点、线、面的几何抽象艺术代替繁复的造型。在选材上不再局限于石材、木材等天然材料，而是更多地加入如不锈钢、铝塑板或合金材料等新型材料，以表现现代时尚的家居氛围。

现代风格实景案例

（1）色彩

/ 无彩色 /

若追求冷酷和个性，全部使用黑、白、灰的配色方式会更贴合。可根据居室的面积，选择三种色彩中的一种做背景色，另外两种搭配使用。

/ 对比色 /

喜欢华丽、另类的活泼感，可采用强烈的对比色，如红绿、蓝黄等配色，且让这些色彩出现在主要部位，如墙面、大型家具，塑造出前卫的效果。

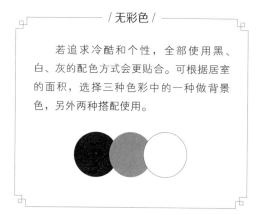

（2）家具

/ 造型家具 /

选择造型感极强的几何型家具作为装饰，能大大地提升房间的现代感。

/ 线条简练的板式家具 /

板式家具简洁明快，布置灵活，现代风格追求造型简洁的特性使板式家具成为此风格的最佳代表，其中以装饰柜最为常见。

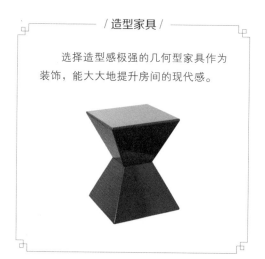

（3）材质

/ 金属 /

金属材料表面坚硬，触感冰冷，可营造出冷酷的氛围，但不适合大面积使用，可小面积用在墙面造型、家具及装饰品中，以突出设计的新颖与大胆。

/ 大理石 /

现代风格居室追求简约大气感，搭配无彩色的大理石材质，尽显独特魅力。大理石不仅可以做台面，也可以做垂直的墙面背景。

（4）装饰品

/ 玻璃饰品 /

玻璃制品的种类多样，其人工材质可以很好地把现代时尚风格展现出来。常见的有玻璃花瓶、餐具、灯罩、镜面装饰等。

/ 抽象艺术画 /

抽象画与自然物象极少或完全没有相近之处，而又具强烈的形式构成，因此比较适合现代风格的居室。

（5）形状图案

/ 几何图案 /

几何图案本身具有的图形感，令整体空间充满造型感和无限的张力，同时体现现代风格的创新和个性。不仅能用于空间整体造型，还常见于软装布艺之中。

/ 直线条 /

横平竖直的线条是现代前卫风格的特点，可以体现干净利落的空间感。

2. 现代简约风格

简约风格的特色是将设计的元素、色彩、原材料简化到最少的程度，但对色彩、材料的质感要求很高。色彩设计通常以黑、白、灰色为大面积主色，搭配亮色进行点缀；喜欢用一些简单的直线条、直角、大面积的色块来凸显个性。现代简约风格的家具主张在有限的空间发挥最大的使用效能，一切从实用角度出发。

（1）色彩

/ 无彩色系 /

现代简约风格家居的色彩设计，通常以黑、白、灰色为大面积主色。

/ 高纯度色系 /

现代简约风格的配色大多以无彩色为主色，如果觉得过于单调，可以在配角色和点缀色中用高纯度色彩来提亮空间。

（2）家具

/ 直线条家具 /

简约风格在家具的选择上延续了空间的直线条，横平竖直的家具不会占用过多的空间面积，可令空间看起来干净、利落，同时也十分实用。

/ 带有收纳功能的家具 /

选用现代简约装修风格的居室面积一般不大，这就要求家具的体量要小，且带有一定的收纳功能，这既不会占用过多空间，也会令整体空间显得更加整洁。

（3）材质

/ 纯色涂料 /

涂料防腐、防水、防油、耐化学品，非常符合简约家居追求实用性的特点。用纯色涂料来装点，不仅能将空间塑造得十分干净，又方便打扫，一举两得。

/ 浅色木纹饰面板 /

浅色木纹饰面板干净、自然，和简约风格追求简单和自然的理念非常契合。其可以用于墙面的柜体造型，也可以用于墙面造型。

（4）装饰品

/ 纯色地毯 /

简约风格的家居具有追求简洁的特性，因此最好选择纯色地毯，这样就不用担心过于花哨的图案和色彩与整体风格冲突。

/ 鱼线形吊灯 /

鱼线形吊灯用简单的直线造型结构展现了简约风格的随性特点。

/ 黑白装饰画 /

黑白装饰画运用在简约风格的背景墙上，既符合其风格特征，又不会喧宾夺主。

（5）形状图案

/ 直线、直角 /

要塑造简约空间风格，空间的线条就要讲求对称与平衡，不做无用的装饰，呈现出利落的线条，让视线不受阻碍地在空间中延伸。

/ 大面积色块 /

划分空间的途径不一定局限于硬质墙体，还可以通过大面积的色块来划分。这样的划分具有很好的兼容性、流动性及灵活性。另外，大面积的色块也可以用于墙面、软装等地方。

3. 北欧风格

天然材料是北欧风格室内装修的灵魂，因此室内会用到大量的板式家具或实木家具。这些未经精加工的木料原本的质感不会被破坏，材料本身的柔和色彩、细密质感以及天然纹理非常自然地融入家居设计之中，展现出一种朴素、清新的原始之美。

（1）色彩

/ 无色调点缀 /

在北欧风格的家居中，黑白灰三色常作为主色调，或当重要的点缀色使用，凸显简洁、自然、人性化的特点。其中，白色和高级灰作为背景色的设计手法十分常见，而黑色则适合作为主题墙、地面和灯具的局部色彩。

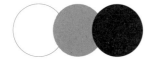

/ 浊色调点缀 /

北欧风格常以浊色调作为背景色或点缀色，这种配色可以令空间显得更加时尚、文艺。需要注意的是，这种配色中需要大量白色、木色作为色彩的调剂。

（2）家具

/ 板式原木家具 /

板式原木家具柔和的色彩、细密的天然纹理，将自然气息融入家居空间，展示舒适、清新的原始美。

/ 伊姆斯椅子 /

伊姆斯椅子的造型圆润，没有多余的修饰，彰显了北欧风格的极简主义理念。其设计理念符合人体工学的坐感需求。常用于餐椅，也可以作为客厅和卧室的单椅。

（3）材质

/ 板材 /

木材、板材的细密质感以及天然纹理非常自然地融入到家居设计之中，展现出一种朴素、清新的原始之美，常用于家具之中。

/ 白色砖墙 /

白色砖墙有种随性的感觉，可以局部点缀于背景墙之中。

（4）装饰品

/ 魔豆灯 /

魔豆灯是极具北欧风格的特色灯具，这种灯具灵动多变，蕴繁于简，安装于北欧风格的家居中，可以带来独特魅力，简约而不单调。

/ 照片墙 /

照片墙灵活的组合方式，可以为空间带来律动感，题材可选植物、景观、英文、抽象图案等，但要注意色彩不要太复杂、鲜艳。

/ 鹿头装饰 /

"鹿"是北欧风格中常出现的装饰图案。可以令家居氛围充满自然气息，塑造出高品质的生活空间。

（5）形状图案

/ 几何造型 /

北欧风格追求素简的格调也体现在形状图案中，简练的几何图案，没有复杂的线条，给人干净的感觉。

4. 工业风格

工业风格以粗犷的装修构成工业的简约、随性，在色彩挑选方面，一定要凸显其颓废感与原始工业感，大多采用水泥灰、红砖色、原木色等作为主体色彩，再增添些亮色配饰。在材料方面，可保留原有建筑材料的部分容貌，比如把原始的墙砖或水泥墙面裸露出来，把金属管道或水管等直接裸露出来，令空间兼具奔放与精致、阳刚与阴柔、原始与工业化。

（1）色彩

/ 白色、灰色 | 木色 /

白色、水泥灰色属于无彩色系，最能体现出工业风格的冷峻个性，与木色结合则能降低冷峻感。其中，木色可用在墙面、顶面中，也可用于小件的家具中。

/ 灰色 + 棕红色 /

大面积的灰色空间会给人一种冷硬感，若加入砖红色调剂会显得柔和许多。在空间设计时，可以将水泥灰色用于地面、墙面中，再配以褐色家具；或者水泥灰与砖红色结合作为墙面色彩。

（2）家具

/ 水管装饰家具 /

工业风格的顶面会适时地露出金属管线和水管，为了搭配这一元素，出现了很多以金属水管为材料制成的家具，如同为工业风格独家打造。

/ 金属与旧木结合的家具 /

工业风的家具常有原木的踪迹。许多金属制的桌椅会用木板作为桌面或者是椅面，如此一来，就能够完整地展现木纹的深浅与纹路的变化。

（3）材质

/ 红砖（墙）/

工业风格的装修会大量地露出砖墙，给人一种别样的层次感。

/ 水泥 /

比起砖墙的复古感，原始的水泥墙更有一分沉静与现代感，粗糙的质感给人一种粗犷的感觉。

（4）装饰品

/ 贾伯斯吊灯 /

贾伯斯吊灯拥有金属的冷硬感，以及电镀铬色的工艺，具有鲜明的个性特征，可以让人充分感受到工业风格的冷峻、时尚氛围。

/ 水管装饰 /

工业风格的装修常会适时露出管线，但如果家中无法把墙面打掉露出管线，也可以用水管风格的装饰物来体现工业风格。

/ 金属摆件 /

金属摆件摆放在书桌或茶几等位置，可以让人在细节处感受到工业风格独有的生活氛围。

（5）形状图案

/ 不规则线条 /

不规则的线条可以用于空间的构成上，例如，两个空间之间的分隔不再用传统的墙体加门的形式来塑造，而改用在实体墙上挖出一个造型感极强的门洞，或者悬挂无规则的线索悬浮吊灯，都可以令家居环境呈现出个性化的特质。

/ 动物纹 /

动物纹图案带有原始的狂野感，常用于地毯、抱枕等布艺之中。

第三节 自然风格

1. 英式田园风格

英式田园风格的兴起主要是由于人们看腻了奢华风，转而向往清新的乡野风格。和其他田园风格一样，它大量使用木材等天然材料来凸显自然风情；同时善用带有本土特色的元素来装点空间，体现出带有绅士感的英伦风情。

自然风格实景案例

（1）色彩

/ 本木色 /

源于自然的本木色，常用于家具和吊顶横梁，可以令家居环境显得自然、健康。

/ 绿色点缀 /

代表自然的绿色，在英式田园风格中多为暗色调、暗浊色调，常出现在软装布艺之中。

/ 比邻色点缀 /

比邻色的搭配来源于英国国旗的红色＋蓝色，这种配色常用于家具、抱枕等软装设计之中。

（2）家具

/ 胡桃木家具 /

用胡桃木制作的家具表面只需进行简单处理，不加任何装饰就很美观，带有质朴和返璞归真的感觉。

/ 手工沙发 /

手工沙发大多为布面，其造型柔美但很简洁；注重布面的配色与对称之美，越是浓烈的花卉图案或条纹、格纹，越能展现英国味道。

（3）材质

/ 木材、板材 /

自然类的风格常会选择木质材料作为空间主要材料，可以用于墙面、地面、顶面、家具，选择重色的木材比较符合英式田园风格高雅、沉稳的感觉。

/ 棉麻布艺 /

布艺柔软的触感，非常符合田园类风格追求随性、自然的感觉，因此常作为家具之用。

（4）装饰品

/ 苏格兰格子布艺 /

苏格兰格子图案历史悠久，带有浓郁的英伦特色，在英式田园风格的居室中，常常出现在窗帘、抱枕、布艺沙发和床品之中，衬托出英国独特的居室风格。

/ 米字旗装饰 /

米字旗为英国国旗，作为装饰元素用于家居中，可以彰显英伦风格特征，常见装饰有米字旗抽纸盒、米字旗抱枕、米字旗装饰画等。

/ 英伦风茶咖具 /

英国人有 300 年的下午茶历史，广泛流传的英式下午茶由来已久，其茶咖具也非常精美、雅致。在英式田园风格的居室中，摆放一套英伦风茶咖具，既带有英式风情，又能提升居住品质，一举多得。

（5）形状图案

/ 直线、直角 /

英式田园风格中，无论空间还是家具的线条均较为平直，因此格纹图案也很常见。

/ 花卉图案 /

花卉图案可以说非常有田园感，但在英式田园风格中，碎花的图案不仅出现在软装布艺中，还可以出现在墙面壁纸中，并且色彩较低调。

2. 法式田园风格

　　法式田园风格随意、自然，设计重点在于拥有天然风味的装饰及大方不做作的搭配。一般会运用洗白手法真实呈现木头纹路的原木材质，图案基本为方格子、花草图案、竖条纹等。细节方面，可使用自然材质家具，如藤编家具，并以野花与干燥花为饰。法式乡村风格少了一点美式乡村的粗犷，多了几分大自然的清新和普罗旺斯的浪漫。

（1）色彩

／白色、米色＋娇艳颜色／

　　法式田园风格常用明快的色彩营造空间的流畅感，令空间充满娇媚的特色。白色与具有自然特色的鹅黄、粉绿、粉紫、玫红等娇艳的色彩，以及绿色植物一起搭配使用，共同演绎出柔和的居室氛围。

／黄色／

　　法国南部的灿烂阳光让人充满明媚、温暖的记忆。因此，在法式田园风格的居室中，代表暖意的黄色系被大量采用，与大量木质材料搭配和谐。

（2）家具

／尖腿家具／

　　法式田园风格家具摒弃了奢华、繁复，保留了纤细的曲线，且特别注重脚部和细节部分的处理，常见尖腿造型，给人柔和、浪漫的感觉。

／手绘家具／

　　法式田园风格中的手绘家具多以白色为底，上面描出俊秀、精致的图案。常见的手绘家具有玄关柜、边几、床头柜等小型家具。

（3）材质

/ 大花壁纸 /

相比碎花壁纸，大花图案的壁纸更适合法式田园风格，显得更大气，又不会失去自然感。

/ 天然材料 /

法式田园风格常用实木等天然材料，其中也会进行刷白处理，以增加其优雅感。

（4）装饰品

/ 花朵造型灯具 /

花朵造型灯具的浪漫造型，既充满自然感，也与法式风格追求精致生活的诉求相吻合。

/ 铁艺装饰 /

铁艺装饰纤细的线条造型，有着优雅的感觉，小巧的尺寸也不会有厚重感。

/ 藤编花篮 /

藤编花篮与薰衣草花束搭配，摆放在餐桌、客厅等处，可以直接传达一种自然浪漫的气息。

（5）形状图案

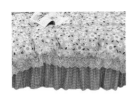

/ 花边 /

浪漫的花边常出现在床品、椅套等布艺上，给人优雅可爱的感觉。

/ 花草图案 /

卷曲弧线及精美的自然纹饰是法式乡村风格的体现，表达出以人为本、尊重自然的传统思想。

<table>
<tr><td>第四节</td><td># 综合型风格</td></tr>
</table>

1. 新中式风格

新中式风格在对古典元素提炼的基础上加入了现代设计元素，整体设计上以内敛沉稳的中国元素为出发点，多采用简洁、硬朗的直线条，搭配梅兰竹菊、花鸟等传统图案，彰显文雅气氛。色彩设计有两种形式：一是以黑、白、灰色为基调，效果较朴素；另一种以皇家住宅的红、黄、蓝、绿等作为点缀色彩，效果华美。

综合型风格实景案例

（1）色彩

／ 白色＋黑色＋灰色 ／

这种配色方式是以苏州园林和京城民宅的黑、白、灰色为基调，搭配米色或棕色系做点缀，整体感觉简朴而优美，满足了现代人追求柔和自然、朴素雅致的诉求。

／ 黄橙色、蓝色、祖母绿、红色点缀 ／

新中式装饰风格非常讲究意境。无彩色的搭配如果显得单调，可以采用皇家色进行点缀，营造出极富中式浪漫情调的生活空间。

（2）家具

／ 线条简练的中式家具 ／

新中式风格中庄重繁复的明清家具使用率减少，取而代之的是线条简单的中式家具，迎合了新中式风格内敛且质朴的设计理念。

／ 现代家具＋传统家具 ／

现代家具与传统家具的组合运用，能够弱化传统中式居室的沉闷感，使新中式风格与古典中式风格得到有效区分。另外，现代家具所具备的时代感与舒适度，也能为居住者带来惬意的生活感受。

／ 简练的圈椅 ／

圈椅简练且带有弧度的线条在直线条为主的家居中起到了点睛的作用，使整体家居环境不显单调，展现出简洁而又富有造型感的空间氛围。

（3）材质

/ 石材 /

新中式家居中的石材没有选择限制，各种花色均可以使用，浅色温馨大气一些，深色则古典韵味浓郁。石材常被用于背景墙、地面、台面之中。

/ 中式花纹布艺 /

具有中式图案的布艺织物能打造出高品质的中式唯美情调。印有花鸟、蝴蝶、团花等传统刺绣图案的抱枕，摆放在素色沙发上，呈现出浓郁的中国风。

（4）装饰品

/ 水墨山水画装饰 /

水墨山水画是中国传统艺术表现形式，适当的点缀在空间中，可以增添中式神韵。

/ 仿古灯 /

仿古灯与中式古典灯具相比，外形简朴，注重神韵的表达，呈现出宁静而古朴的气质。

/ 笔挂装饰 /

笔挂是挂笔的一种器具，材质常见木、石、金属等，摆放在家中，可以使空间充满文化气息。

（5）形状图案

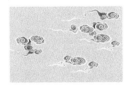

/ 中式传统图案 /

中式传统图案有较好的寓意，用于家居中，可以作为传统文化的延续与传承。使用时不必大面积出现，在细节中点缀即可达到淡雅的装饰效果。

/ 直线条 /

简洁硬朗的直线条被广泛地运用，迎合了新中式家居追求内敛、质朴的设计风格，使"新中式"更加实用，更富现代感。

2. 简欧风格

简欧风格是经过改良的古典主义风格，高雅而和谐是其代名词。古典欧式的花饰、造型繁复，而简欧风格则以简洁的线条代替复杂的花纹。色彩设计上多以淡雅的色彩为主，常选择简洁化造型的家具，减少了古典气质，增添了现代情怀。

（1）色彩

／ 白色、象牙白 ／

相比色彩浓厚的欧式古典风格，简欧风格配色更为清新，也更符合中国人内敛的审美观念。常用白色或象牙白做底色，再糅合一些金属色、米黄色、灰蓝色等淡雅色调做点缀。

／ 蓝色、绿色、橙色 ／

将蓝色、橙色或绿色用于简欧家居风格中，可以通过颜色的对比来营造华丽的视觉，同时弱化欧式古典风格带来的宫廷气息，形成小资情调的空间配色。

／ 白色、灰色、黑色 ／

在简欧风格中白色、灰色占比较大，少部分用黑色点缀，这样更有现代感。

（2）家具

／ 线条简化的复古家具 ／

这种家具虽然摒弃了古典欧式家具的繁复，但在细处还是会体现出西方文化的特色，多见精致的曲线或图案，令家居空间优雅与时尚并存。

／ 绒布高背椅 ／

高靠背椅既有精美浮雕纹样的样式，也有简洁的布艺或皮质包裹而出的样式，无论何种，都将简欧风格的客厅渲染出浓郁的情调。

（3）材质

/ 护墙板 /

简欧风格的护墙板质地更轻薄，色彩也更清爽，常涂刷上白色、灰色或其他浅淡的色彩，较少使用木材原本的颜色。

/ 金属 /

不同于欧式古典风格，金属材质常会出现在简欧风格中，为空间增加现代感，常用于家具、装饰摆件之中。

（4）装饰品

/ 成对出现的壁灯、台灯 /

简欧风格室内布局多采用对称手法来达到平衡、比例和谐的效果。在灯具的选用上也遵循了这一特色，这样的设计可以使室内环境看起来整洁而有序。

/ 星芒装饰镜 /

星芒装饰镜不仅有镜面扩大空间感的效果，而且金色的边框极具装饰作用，一般悬挂在沙发背景墙的中央或一进门的玄关墙面上。

/ 金边茶具 /

欧式茶具华丽、高雅，大气的造型加上描金工艺，体现轻奢感。

（5）形状图案

/ 装饰线 /

装饰线是指在石材、板材的表面或沿着边缘开的连续凹槽，用来达到装饰目的或突出连接位置。简欧风格中，不宜做太复杂的造型，一般在顶面或墙面采用装饰线处理，凸显出空间层次感。

/ 对称布局 /

对称的布局，不光是家具、电器的对称，也可以是墙面造型的对称，能给人规整、精致的感觉。

3. 现代美式风格

现代美式风格是美国西部乡村生活方式的一种演变，摒弃了过多烦琐与奢华的设计手法，色彩相对传统，常用旧白色作为主色，将大地色表现在家具和地面之中。相对于美式乡村风格，线条上有所简化，主要表现在家具的造型上，多采用线条较为平直的板式家具。

（1）色彩

/ 旧白色 /

现代美式风格常用旧白色作为主色，显得更加清爽、干净，但又不失复古感。

/ 浅木色 /

浅木色常出现在家具和地面之中，较少大面积地出现在墙面或顶面中。

（2）家具

/ 线条简化的木家具 /

相比美式乡村风格厚重、粗犷的木家具，现代美式风格的家具线条更加简化、平直，材质上保留了传统美式风格的天然感，但在造型上更加贴近现代生活。

/ 带铆钉的皮沙发 /

现代美式风格中，常会选用带有铆钉的皮沙发，其延续了厚重的风格特征，而金属元素带有强烈的现代气息，可以令空间更具有时代特质。

（3）材质

/ 棉麻 /

棉麻材质不仅可以出现在窗帘、抱枕等传统布艺之中，也可以出现在灯具、摆件中。棉麻天然、柔和的质感，可以营造出温馨、自然的氛围。

（4）装饰品

/ 铁艺装饰品 /

现代美式风格对于铁艺的运用主要表现在墙面挂饰上，精致、小巧，色彩多为白色、绿色，具有清新感。

/ 小型装饰绿植 /

现代美式风格在采用花卉绿植装点空间时，其体量不宜过大，以区分于美式乡村风格喜好大型盆栽的特点。

2

人体工程学设计

室内设计秉承"以人为中心""为人而设计"的原则。因此，人体工程学是室内设计中必不可少的一门知识，了解人体工程学可以使装修设计的尺寸更符合人们的日常行为需要。

住宅空间尺度设计

1. 客厅

客厅是使用最频繁、人的行动路线最复杂、功能最多样的空间之一，因而尺度要达到舒适、宽敞的要求。

（1）人体活动空间尺寸

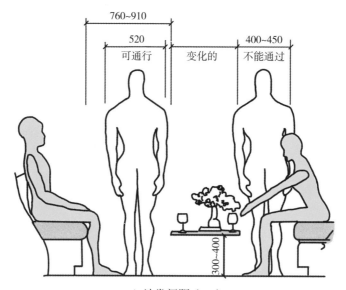

▲ 沙发间距（一）

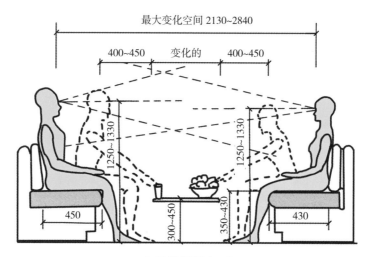

▲ 沙发间距（二）

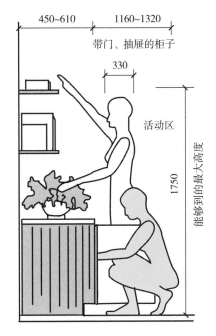

450~610 1160~1320

带门、抽屉的柜子

330

活动区

1750

能够到的最大高度

▲ 靠墙橱柜 女性

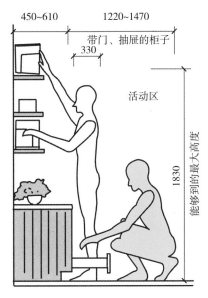

450~610 1220~1470

带门、抽屉的柜子

330

活动区

1830

能够到的最大高度

▲ 靠墙橱柜 男性

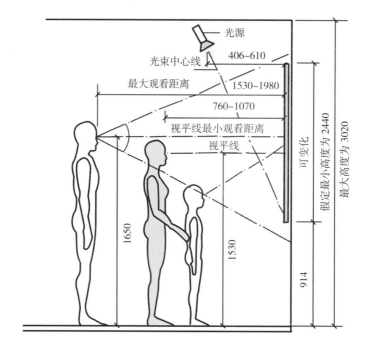

光源
光束中心线
406~610
最大观看距离
1530~1980
760~1070
视平线最小观看距离
视平线
可变化
假定最小高度为2440
最大高度为3020
1650
1530
914

▲ 陈列距离尺寸

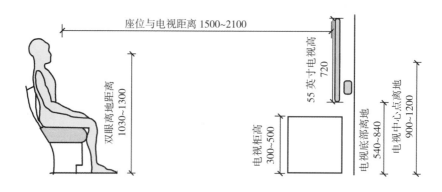

座位与电视距离 1500~2100
55英寸电视高
720
双眼离地距离 1030~1300
电视柜高 300~500
电视底部离地 540~840
电视中心点离地 900~1200

▲ 视听距离尺寸

（2）家具尺寸

◄ 双人沙发

宽 1260~1500

深 800~900

高 700~900

◄ 单人沙发

宽 800~950

深 850~900

高 700~900

▲ 三人沙发

宽 1750~1960

深 800~900

高 700~900

► 电视柜

宽 800~2000

深 350~500

高 400~550

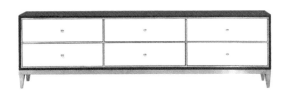

◄ 扶手椅

座宽 ≥ 480

座深 400~480

座高 400~440

▲ 电视茶几

宽 600~1800

深 380~800

高 380~500

（3）平面布置实例

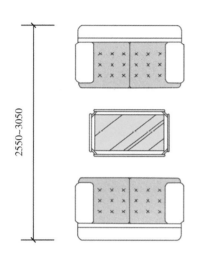

▲ 面对面型布置

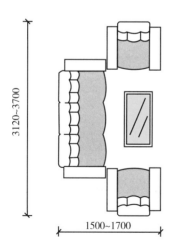

▲ U 型布置

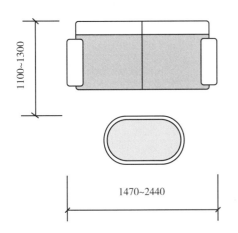

▲ 一字型布置

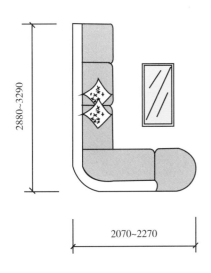

▲ L型布置

2. 餐厅

餐厅家具主要是餐桌、餐椅、餐边柜，一般来说餐桌大小不超过整个餐厅面积的1/3。

（1）人体活动空间尺寸

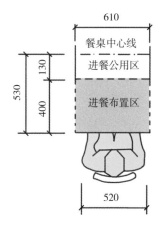

▲ 最小进餐布置尺寸

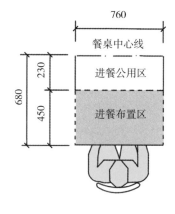

▲ 最佳进餐布置尺寸

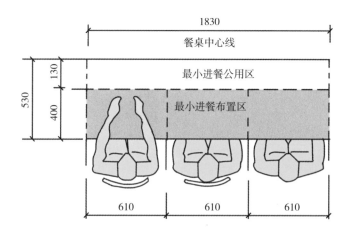

▲ 三人最小进餐布置尺寸

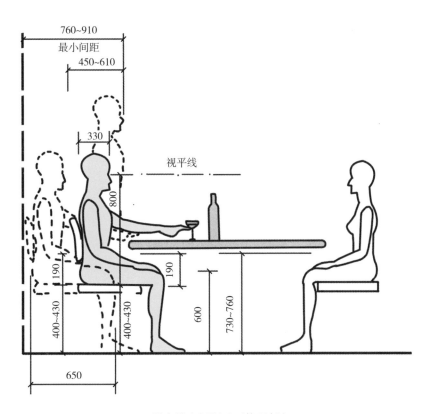

760~910
最小间距
450~610
330
视平线
800
190
190
600
730~760
190
400~430
400~430
650

▲ 最小就座间距（不能通行）

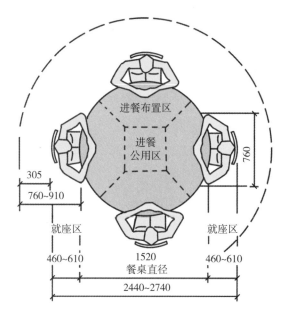

▲ 四人用圆桌（正式用餐的最佳尺寸圆桌）

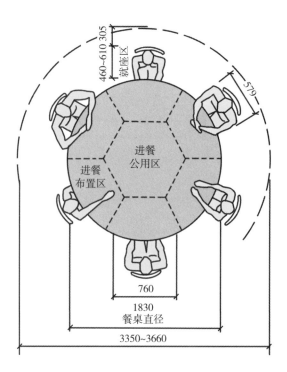

▲ 六人用圆桌（正式用餐的最佳尺寸圆桌）

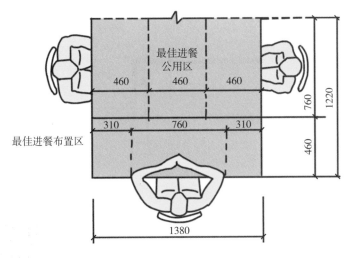

▲ 最佳餐桌宽度

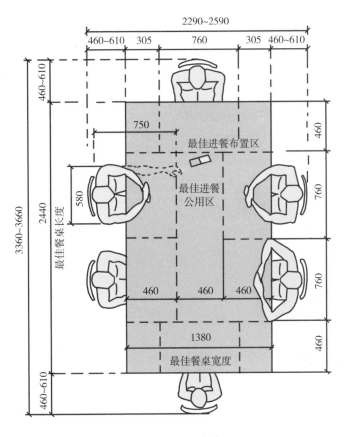

▲ 六人用矩形餐桌

（2）家具尺寸

◀ 长方桌

宽　　 ≥ 600
深　　 ≥ 400
净空高 ≥ 580

◀ 方形桌

宽　　 ≥ 600
深　　 ≥ 600
净空高 ≥ 580

▲ 壁柜

宽 800~1800
深 400~550
高 1500~2000

▶ 圆桌

直径　 ≥ 600
净空高 ≥ 580

◀ 餐椅

座宽 ≥ 400
座深 340~460
座高 400~450

▲ 餐边柜

宽 800~1800
深 350~400
高 600~1000

（3）平面布置实例

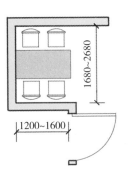

▲ 独立式小型餐厅布置

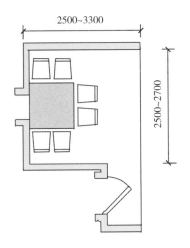

▲ 独立式中型餐厅布置

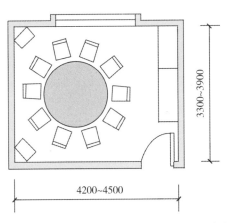

▲ 独立式大型餐厅布置

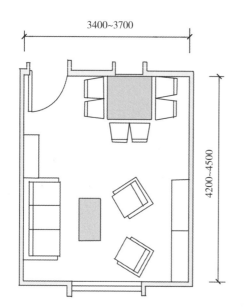

▲ 和客厅合并型餐厅布置

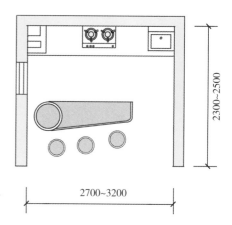

▲ 和厨房合并型餐厅布置

3. 卧室

卧室是住宅中最具私密性的空间，在设计时要符合隐蔽、安静、舒适等要求。

（1）人体活动空间尺寸

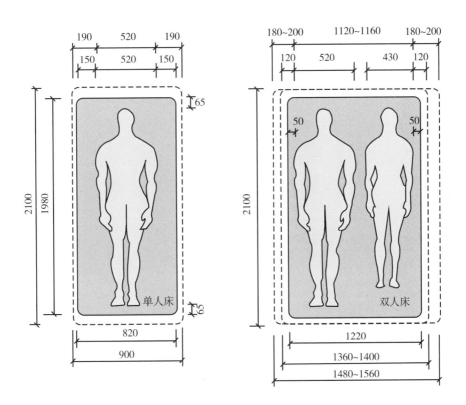

▲ 单人床与双人床尺寸

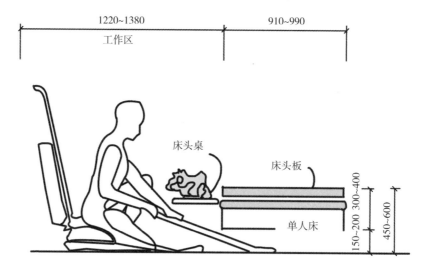

▲ 打扫床下所需间距

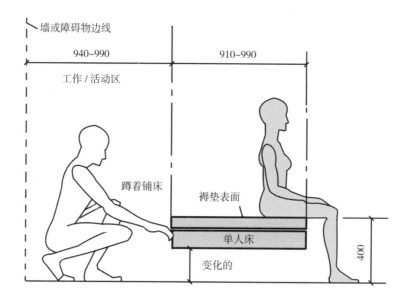

▲ 蹲着铺床尺寸

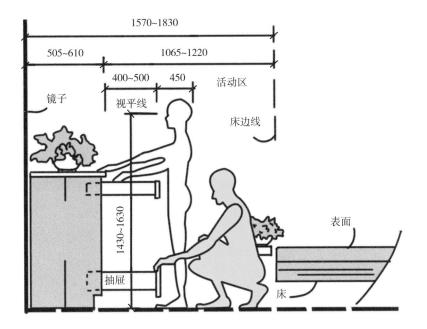

1570~1830

505~610 | 1065~1220

400~500 | 450

活动区

镜子

视平线

床边线

1430~1630

抽屉

表面

床

▲ 小衣柜与床的间距

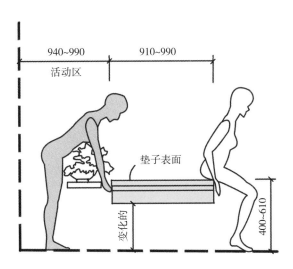

940~990 | 910~990

活动区

垫子表面

变化的

400~610

▲ 单床卧室床与墙的间距

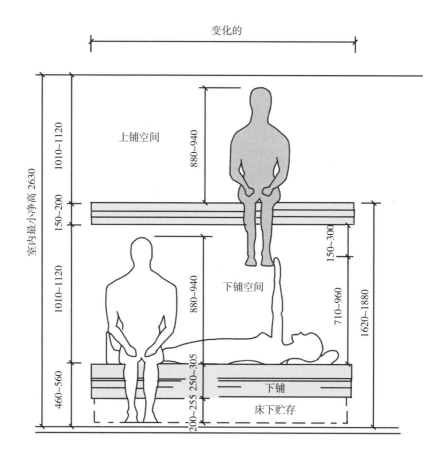

变化的

室内最小净高 2630

1010~1120 上铺空间

880~940

150~200

150~300

1010~1120

880~940 下铺空间

710~960

1620~1880

460~560

250~305

200~255

下铺

床下贮存

▲ 成人用双层床正立面

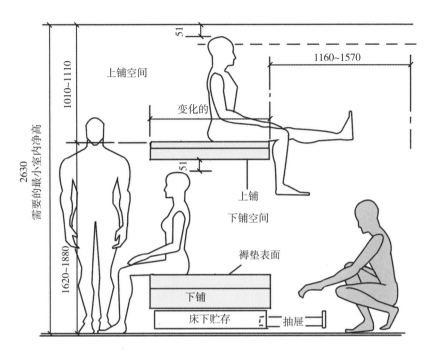

▲ 成人用双层床

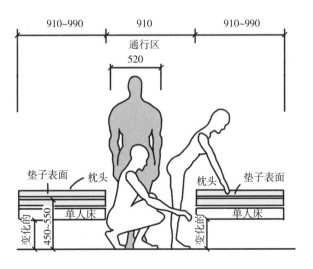

▲ 双床间床间距

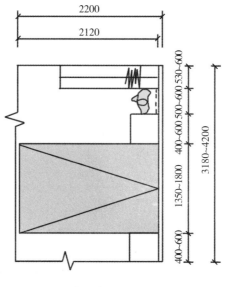

▲ 卧室布置尺度（一）

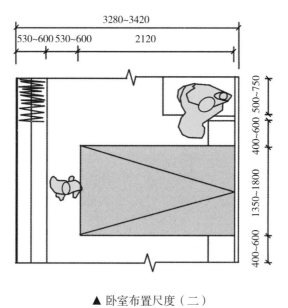

▲ 卧室布置尺度（二）

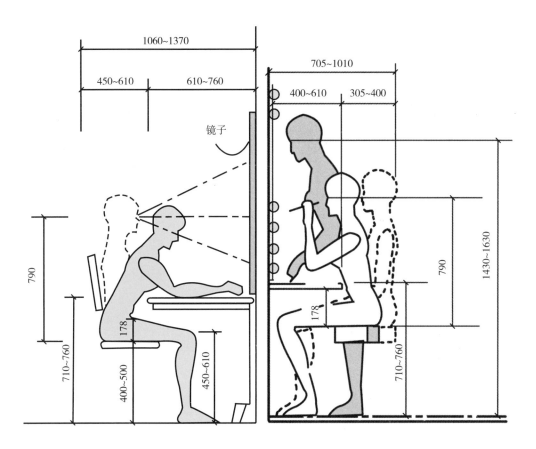

▲ 梳妆台尺寸

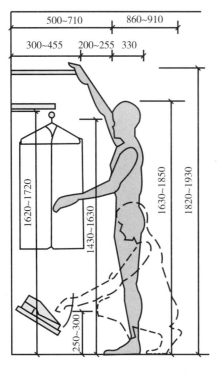

▲ 男性使用的壁柜

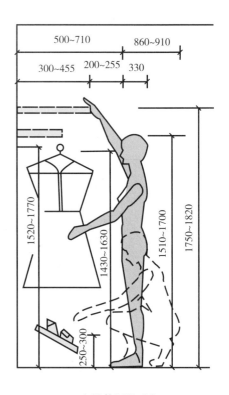

▲ 女性使用的壁柜

（2）家具尺寸

▲双人床

长 1900~2200

宽 1350~2000

高（不放床垫）≤ 450

▲单人床

长 1900~2200

宽 700~1200

高（不放床垫）≤ 450

▲ 婴儿床

长 1000~1250

宽 550~700

高 900~1100

▲ 床头柜

宽 400~600

深 300~450

高 450~760

◀双层床

长 1900~2020

宽 800~1520

高（不放床垫）≤ 450

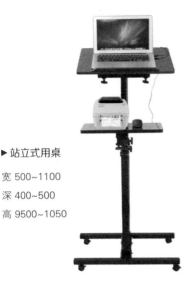

▶ 梳妆台

宽　　≥ 500

深　　610~760

桌面高 ≤ 740

▶ 站立式用桌

宽 500~1100

深 400~500

高 9500~1050

◀ 五斗柜

宽 900~1350

深 500~600

高 1000~1200

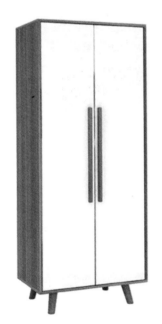

▶ 双门衣柜

宽 1000~1200

深 530~600

高 2200~2400

◀ 三门衣柜

宽 1200~1350

深 530~600

高 2200~2400

（3）平面布置实例

① 纵向布置的卧室

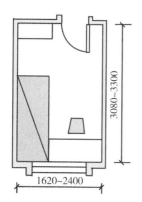

▲ 单人床布置

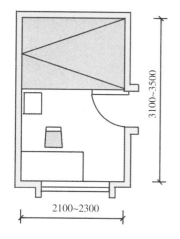

▲ 双人床布置（一）

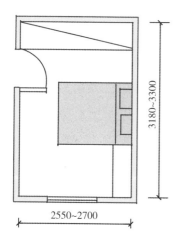

▲ 双人床布置（二）

② 横向布置的卧室

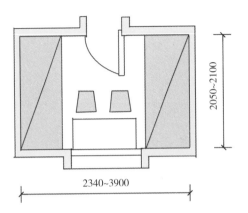

2050~2100

2340~3900

▲ 单人床布置（一）

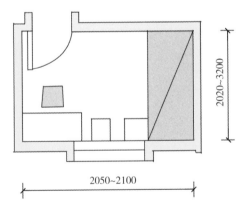

2020~3200

2050~2100

▲ 单人床布置（二）

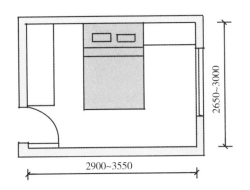

▲ 双人床布置（一）

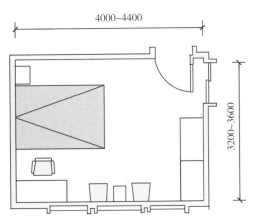

▲ 双人床布置（二）

4. 厨房

厨房具体设计空间布局应根据人在厨房内的操作空间需求而定，也就是应按厨房需要具备的功能来规划。

（1）人体活动空间尺寸

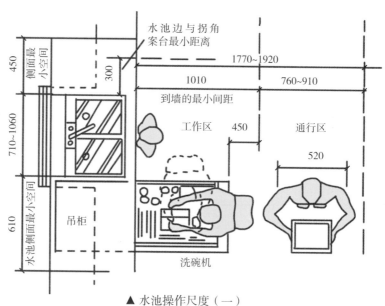

▲ 水池操作尺度（一）

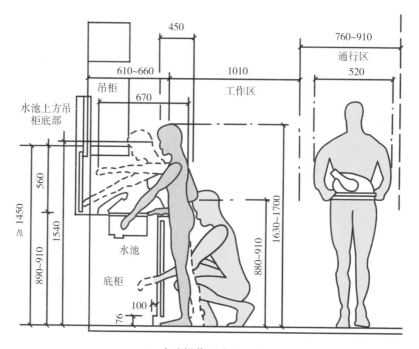

▲ 水池操作尺度（二）

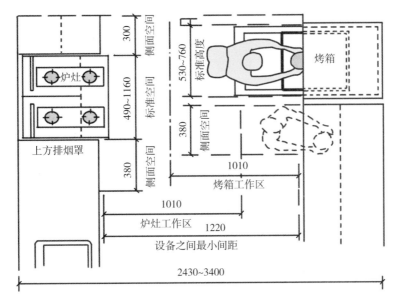

▲ 炉灶操作尺度（一）

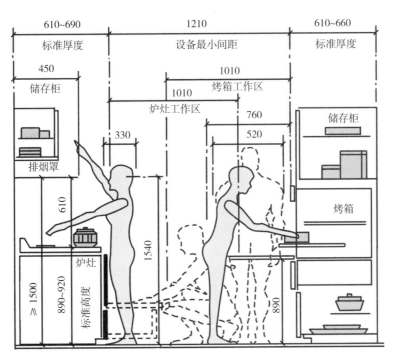

▲ 炉灶操作尺度（二）

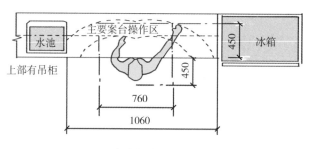

▲ 案台操作尺度（一）

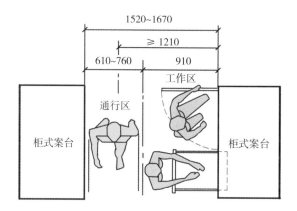

▲ 案台操作尺度（二）

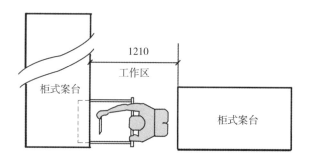

▲ 案台操作尺度（三）

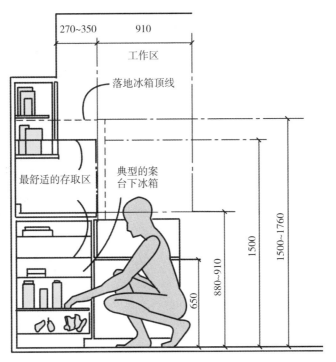

270~350　910

工作区

落地冰箱顶线

最舒适的存取区

典型的案台下冰箱

1500~1760

1500

880~910

650

▲ 冰箱操作尺度（一）

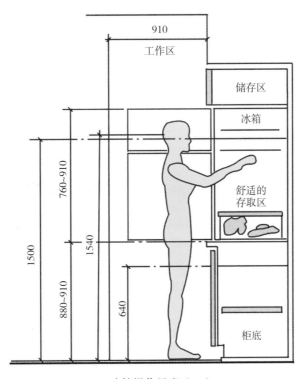

910

工作区

储存区

冰箱

舒适的
存取区

760~910

1540

1500

880~910

640

柜底

▲ 冰箱操作尺度（二）

（2）家具家电尺寸

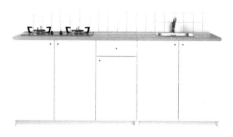

◀ 地柜

宽 800~1200

深 550~600

高 680~700

◀ 吊柜

宽 800~1200

深 300~350

高 300~750

▲ 壁柜

宽 500~1200

深 550~600

高 1800~2000

▲ 搁板

宽 400~800

深 250~300

高 20~30

▶ 收纳柜

宽 400~1200

深 350~500

高 800~1200

▲ 冰箱

宽 550~750

深 500~600

高 1100~1650

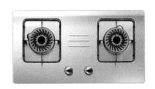

▲ 燃气灶（镶嵌式）

宽 630~780

深 320~380

高 80~150

▲ 燃气灶（台式）

宽 740~760

深 405~460

高 80~150

▲ 微波炉

宽 450~550

深 360~400

高 280~320

▲ 电烤箱

宽 400~500

深 300~350

高 250~300

（3）平面布置实例

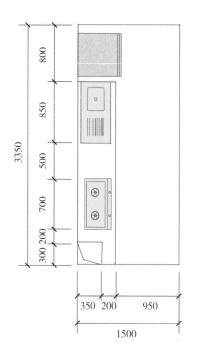

▲ 一字型厨房布置

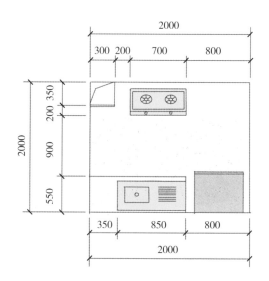

▲ 二字型厨房布置

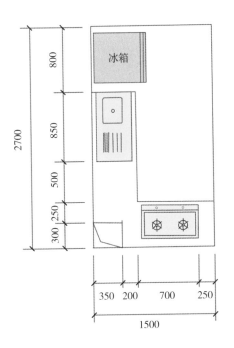

▲ L 型厨房布置

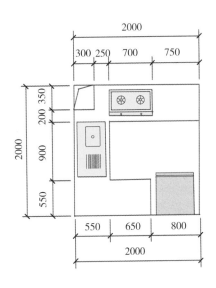

▲ U 型厨房布置

5. 卫生间

卫生间要处处体现人文关怀，布置时合理组织功能和布局。

（1）人体活动空间尺寸

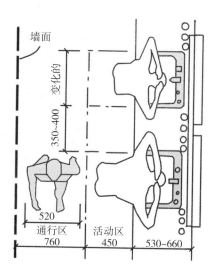

▲ 洗脸盆平面及间距

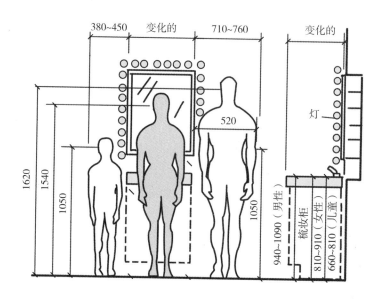

▲ 洗脸台通常考虑的尺寸

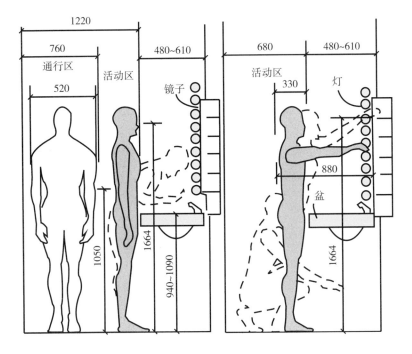

▲ 男性的洗脸盆尺寸

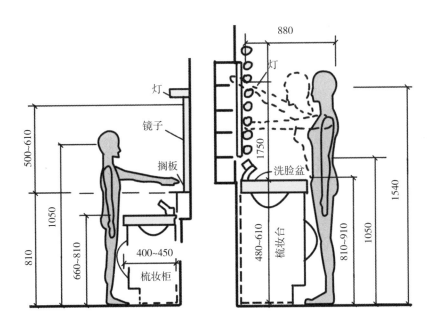

▲ 儿童及女性的洗脸盆尺寸

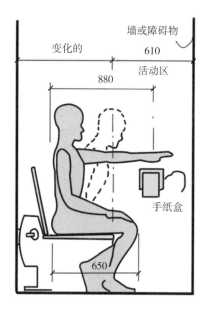

▲ 坐便器立面尺寸

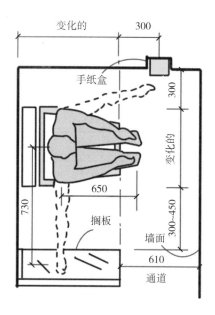

▲ 坐便器平面尺寸

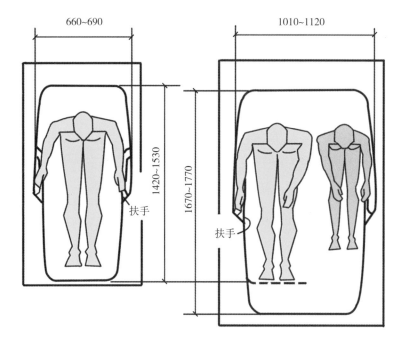

▲ 单人和双人浴盆尺寸

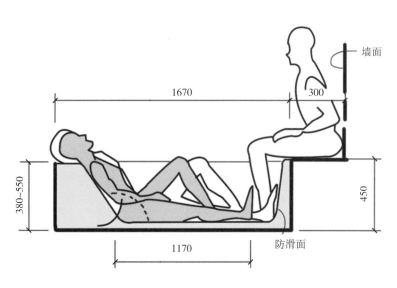

▲ 浴盆斜躺休息尺寸

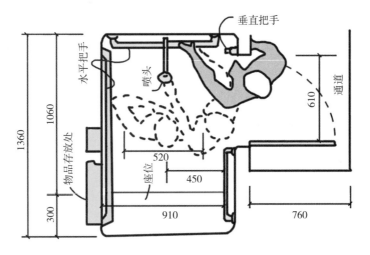

▲ 淋浴间平面尺寸

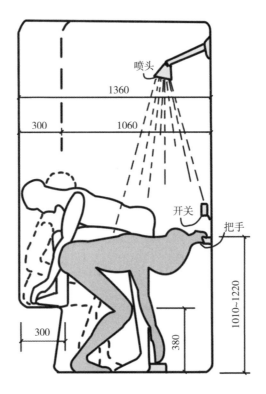

▲ 淋浴间立面尺寸

（2）常见设备尺寸

◄ 坐便器

宽　400~490

高　700~850

座高 390~480

座深 450~470

▲ 滚筒洗衣机

宽 600

深 450~600

高 850

◄ 电热水器

长　700~1000

直径 380~500

◄ 浴缸

长 1500~1900

宽 700~900

高 580~900

▲ 立式洗面器

宽 590~750

深 400~475

高 800~900

► 台盆柜

宽　600~1500

深　450~600

柜高 800~900（台柜设计）

　　 450~650（吊柜设计）

（3）平面布置实例

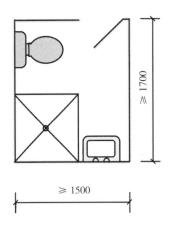

▲ 兼用型洁具布置（一）

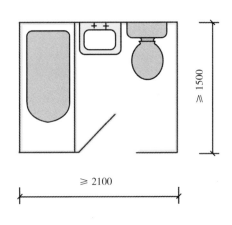

▲ 兼用型洁具布置（二）

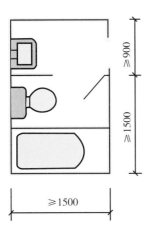

≥900

≥1500

≥1500

▲折中型洁具布置

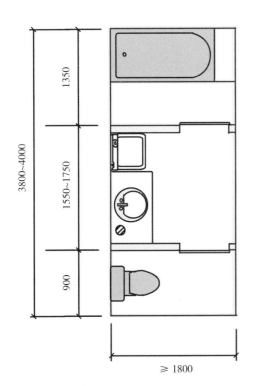

1350

1550~1750

900

3800~4000

≥1800

▲ 独立型洁具布置

第二节 办公空间尺度设计

1. 办公区

适用对象、使用性质、管理方式的不同决定了办公区布局形式的不同。

（1）人体活动空间尺寸

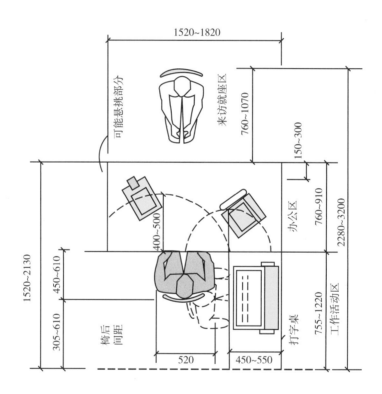

▲ L 型单元

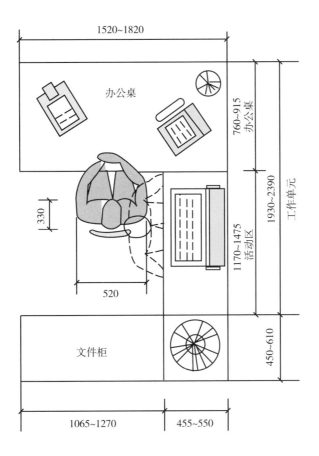

▲ U 型单元

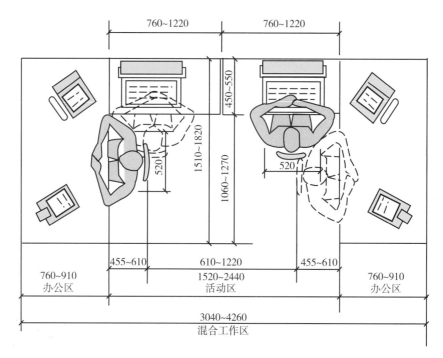

▲ 相邻的 L 型单元

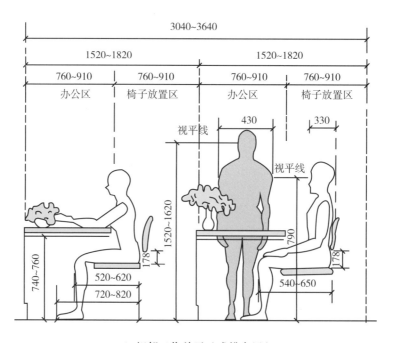

▲ 相邻工作单元（成排布置）

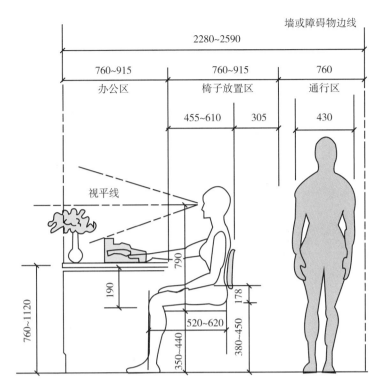

▲ 可通行的基本工作单元

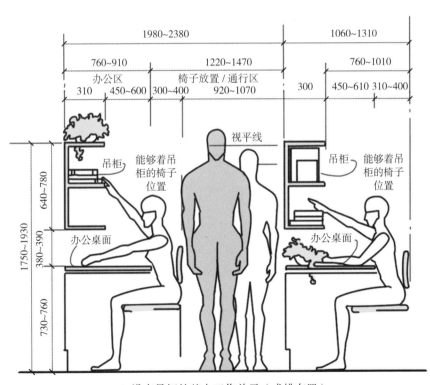

▲ 设有吊柜的基本工作单元（成排布置）

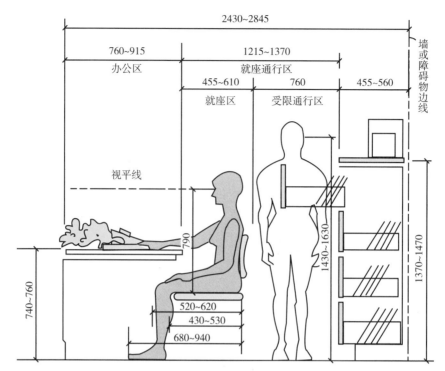

▲ 办公桌、文件柜和受限通行区

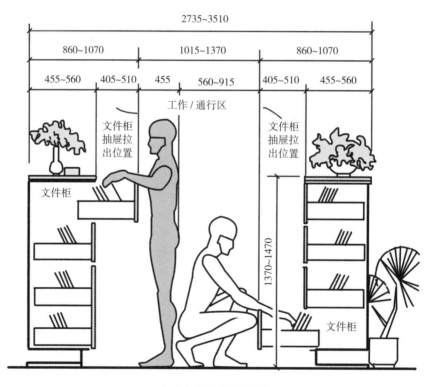

▲ 文件柜之间的距离

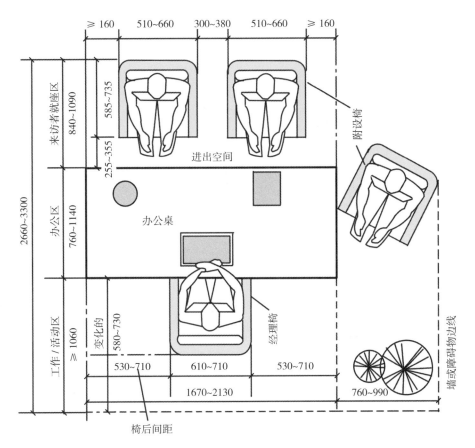

▲ 经理办公桌与来访者

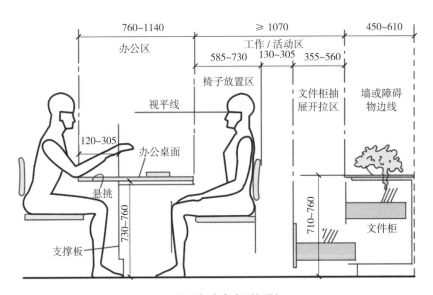

▲ 经理办公桌主要间距

（2）常见家具尺寸

◀ 长方桌

宽 1200~1800

深 500~800

高 700~760

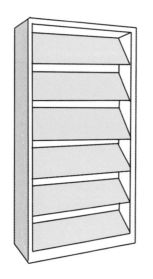

◀ 期刊架

宽 800~1200

深 350~450

高 1800~2100

▲ 大班台

宽 1800~2400

深 800~1100

高 700~760

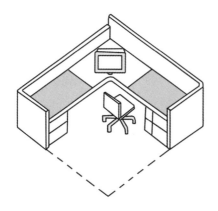

◀ L型办公桌

宽（1200~1800）X（1200~1800）

深 500~800

高 700~760

（3）平面布置实例

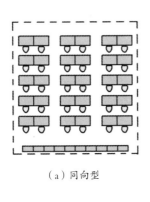

（a）同向型

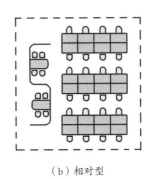

（b）相对型

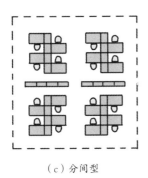

（c）分间型

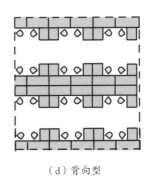

（d）背向型

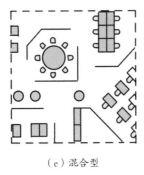

（e）混合型

（f）创意型

▲ 办公区家具布置形式

2. 会议区

会议室中的平面布局主要是根据已有房间的大小、参会人员的数量以及会议的举办方式来确定。

（1）人体活动空间尺寸

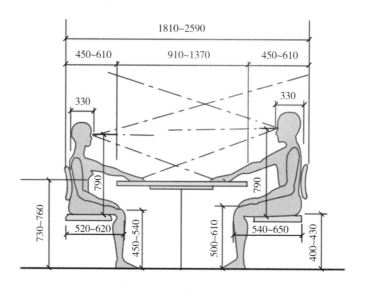

▲ 面对面交谈办公尺寸

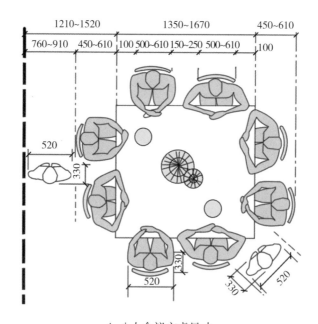

▲ 八人会议方桌尺寸

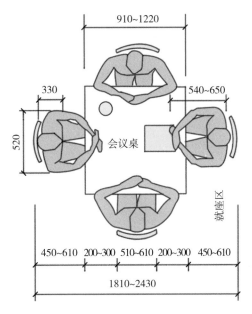

▲ 四人会议方桌尺寸

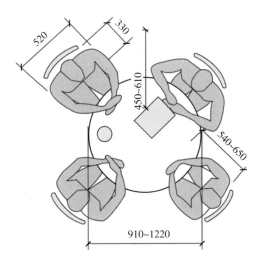

▲ 四人会议圆桌尺寸

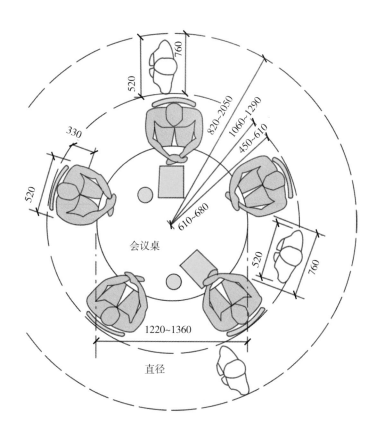

会议桌

直径

▲ 五人会议圆桌尺寸

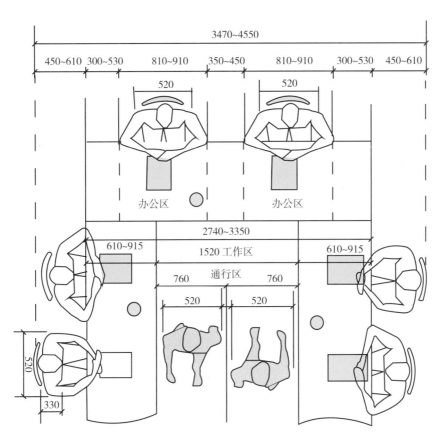

3470~4550

450~610 | 300~530 | 810~910 | 350~450 | 810~910 | 300~530 | 450~610

520

520

办公区 ⚪ 办公区

2740~3350

610~915 | 1520 工作区 | 610~915

760 通行区 760

520 520

520

330

▲ U 形式布局的会议桌

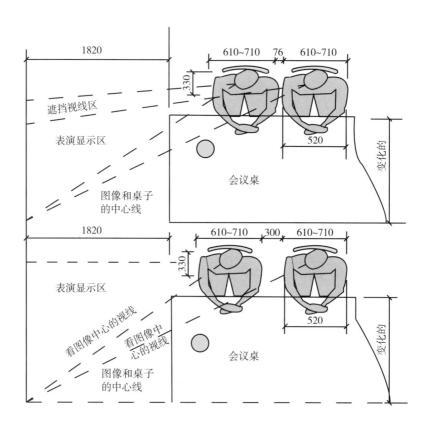

▲ 视听会议桌布置与视线

（2）平面布置实例

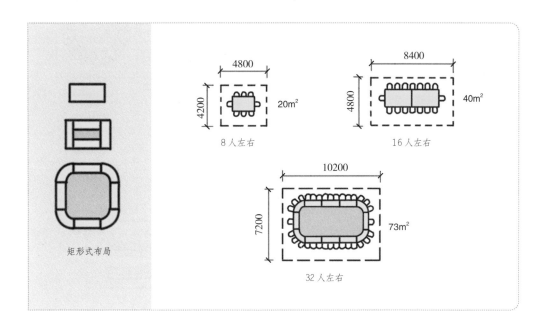

矩形式布局

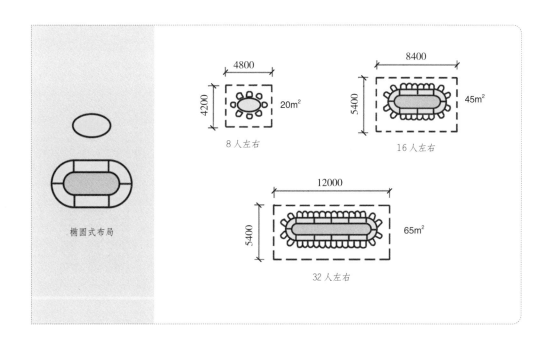

椭圆式布局

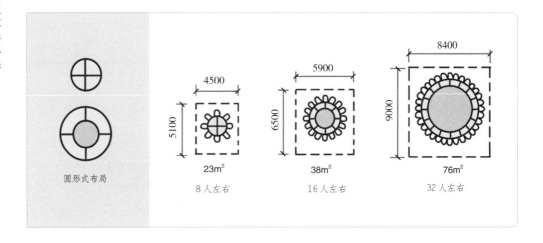

圆形式布局

4500　5100　23m²　8 人左右

5900　6500　38m²　16 人左右

8400　9000　76m²　32 人左右

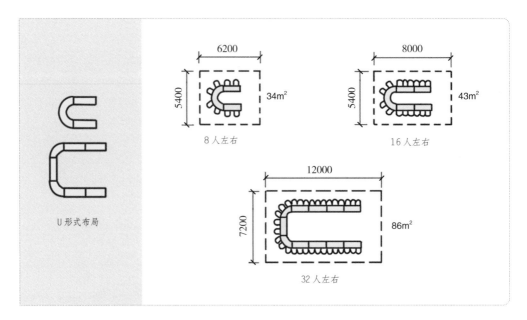

U 形式布局

6200　5400　34m²　8 人左右

8000　5400　43m²　16 人左右

12000　7200　86m²　32 人左右

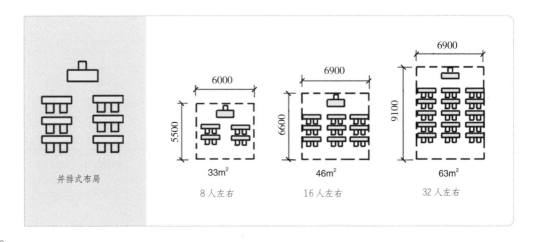

并排式布局

6000　5500　33m²　8 人左右

6900　6600　46m²　16 人左右

6900　9100　63m²　32 人左右

3

装饰材料与构造设计

装饰构造是指使用建筑装饰材料及其制品对建筑物内外表面部分进行装饰的构造做法。装饰材料是装饰工程的物质基础，不同的装饰材料有不同的构造形式，要达到理想的装饰效果，很大程度上取决于能否正确地选择材料和合理地使用材料。

第一节 顶棚装饰材料与构造

1. 石膏板饰面顶棚

特点：自重轻、耐火性能好、抗震性能好、施工方便。

顶棚装饰构造节点图

（1）轻钢龙骨石膏板吊顶

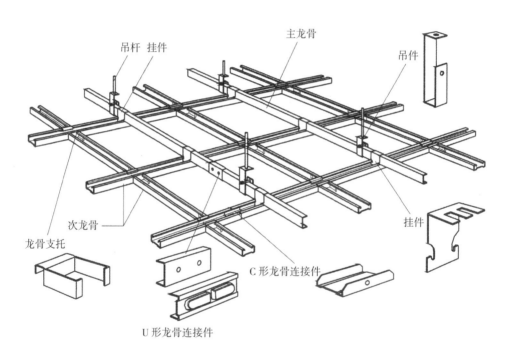

▲ 轻钢龙骨石膏板吊顶材料

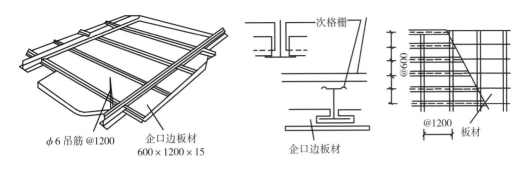

$\phi6$ 吊筋 @1200

企口边板材
$600 \times 1200 \times 15$

次格栅

企口边板材

@600

@1200 板材

（a）挂接方式

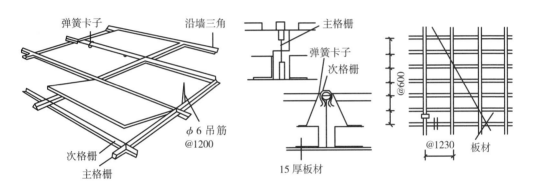

弹簧卡子

沿墙三角

$\phi6$ 吊筋
@1200

次格栅

主格栅

主格栅

弹簧卡子

次格栅

15 厚板材

@600

@1230 板材

（b）卡接方式

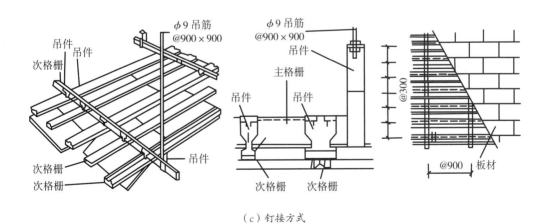

$\phi9$ 吊筋
@900×900

吊件

吊件

次格栅

$\phi9$ 吊筋
@900×900

吊件

主格栅

吊件

吊件

次格栅

次格栅

吊件

次格栅

次格栅

@300

@900 板材

（c）钉接方式

▲ 轻钢龙骨石膏板吊顶构造

（2）木龙骨石膏板吊顶

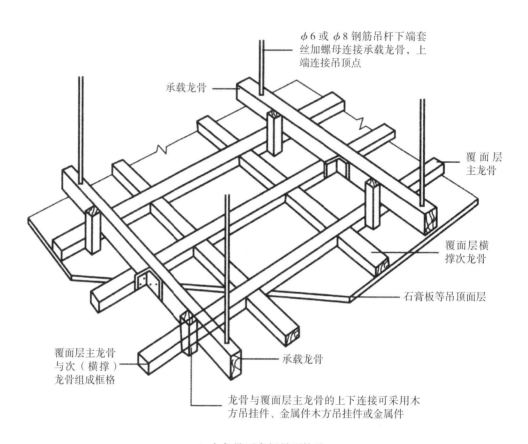

φ6或φ8钢筋吊杆下端套丝加螺母连接承载龙骨，上端连接吊顶点

承载龙骨

覆面层主龙骨

覆面层横撑次龙骨

石膏板等吊顶面层

覆面层主龙骨与次（横撑）龙骨组成框格

承载龙骨

龙骨与覆面层主龙骨的上下连接可采用木方吊挂件、金属件木方吊挂件或金属件

▲ 木龙骨石膏板吊顶构造

2. 硅钙板饰面顶棚

特点：防火防潮、隔声隔热，还可以适当调节室内的干、湿度。

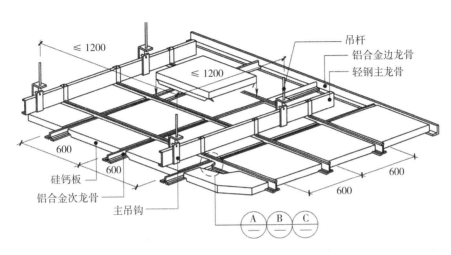

A 次龙骨形式一（T形）

B 次龙骨形式二（凹形）

C 次龙骨形式三（开口形）

▲ 轻钢龙骨硅钙板吊顶构造

3. 矿棉板饰面顶棚

特点：具有质轻、保温、防火、耐高温、吸声的性能，适合有防火要求的吊顶。

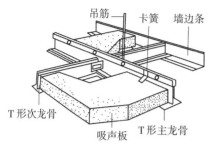

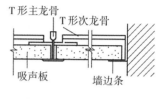

（a）矿棉板吊顶透视图　　　　　　　　（b）与墙面连接剖面

▲ 暴露骨架式矿棉板吊顶构造

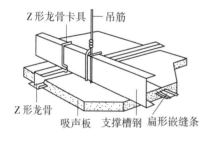

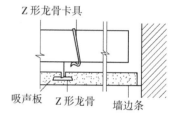

（a）矿棉板吊顶透视图　　　　　　　　（b）与墙面连接剖面

▲ 隐蔽骨架式矿棉板吊顶构造

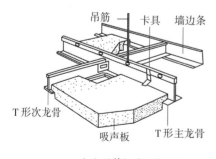

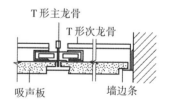

（a）矿棉板吊顶透视图　　　　　　　　（b）与墙面连接剖面

▲ 部分暴露骨架式矿棉板吊顶构造

4. 铝扣板饰面顶棚

特点：质地轻便耐用，防潮、防油污、阻燃，适用于厨房和卫生间。

（1）方形铝扣板吊顶

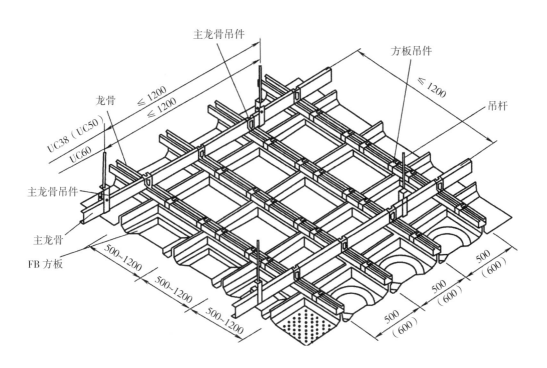

▲ 方形铝扣板吊顶透视图

（2）条形铝扣板吊顶

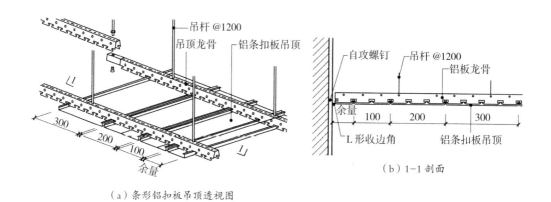

（a）条形铝扣板吊顶透视图

（b）1-1剖面

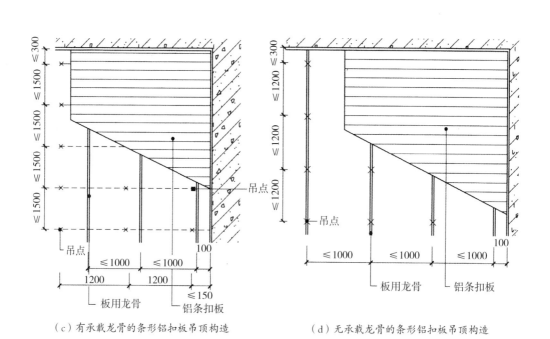

（c）有承载龙骨的条形铝扣板吊顶构造

（d）无承载龙骨的条形铝扣板吊顶构造

▲ 条形铝扣板吊顶构造

5. 格栅饰面顶棚

特点：既有美观效果，又可使顶部照明、室内通风和声学功能得到满足与改善。

（1）木格栅饰面吊顶

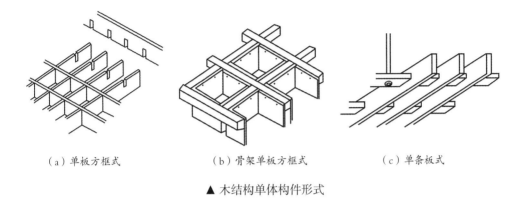

（a）单板方框式　　　　　（b）骨架单板方框式　　　　　（c）单条板式

▲ 木结构单体构件形式

（2）金属格栅饰面吊顶

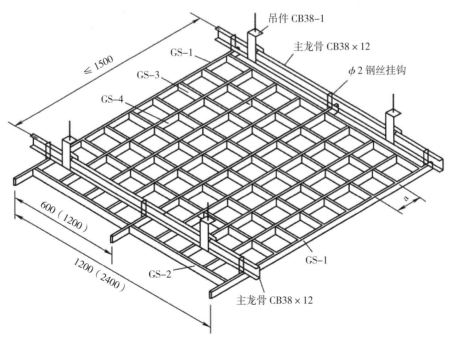

▲ 铝合金格栅吊顶透视图

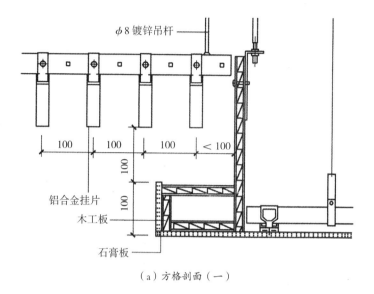

φ8 镀锌吊杆

100　100　100　< 100

100

100

铝合金挂片

木工板

石膏板

（a）方格剖面（一）

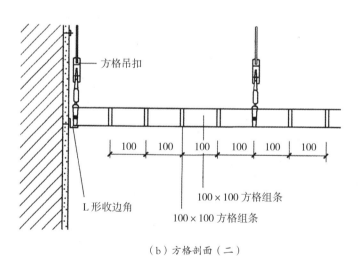

方格吊扣

100　100　100　100　100　100

100×100 方格组条

100×100 方格组条

L 形收边角

（b）方格剖面（二）

▲ 金属格栅饰面吊顶构造

6. 透光板饰面顶棚

特点：一种新型的复合材料，无毒阻燃、不粘油、耐磨、易保养、拼接无缝、可设计成任意造型。

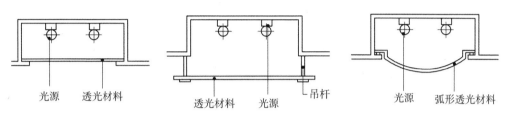

▲ 透光板吊顶结构形式

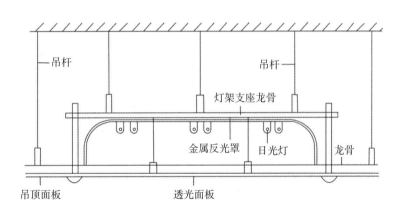

▲ 透光板吊顶构造

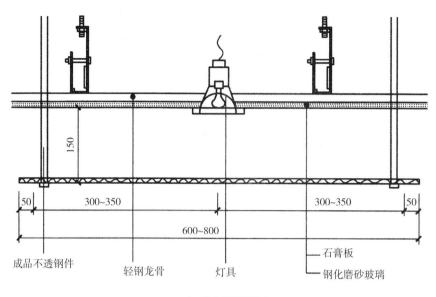

150

50 300~350 300~350 50

600~800

成品不透钢件　　轻钢龙骨　　灯具　　石膏板　　钢化磨砂玻璃

▲ 透光顶棚剖面

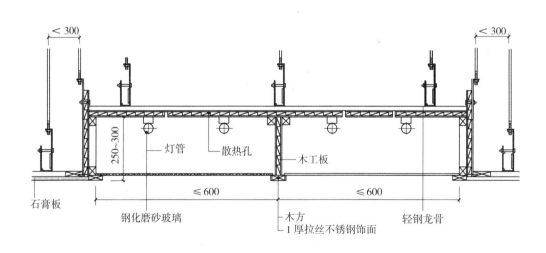

< 300 < 300

250~300

灯管　　散热孔　　木工板

≤ 600 ≤ 600

石膏板

钢化磨砂玻璃　　木方　　1厚拉丝不锈钢饰面　　轻钢龙骨

▲ 透光板吊顶构造剖面（一）

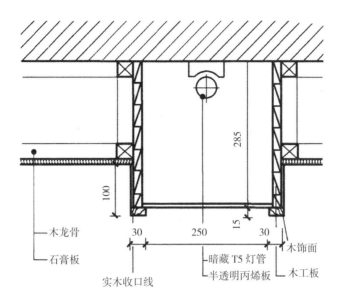

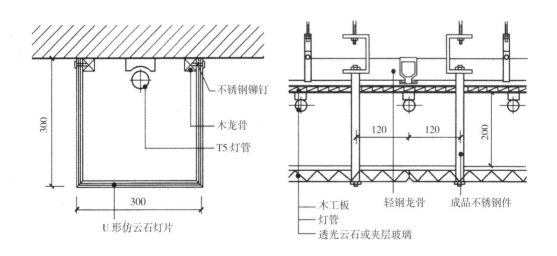

▲ 透光板吊顶构造剖面（二）

7. 矿棉吸声板饰面顶棚

特点：质轻、耐火、保温、隔热、吸声性能好。

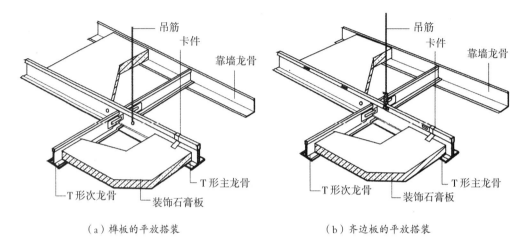

（a）榫板的平放搭装　　　　　　　　　　　（b）齐边板的平放搭装

▲ 矿棉吸声板平放搭装示意图

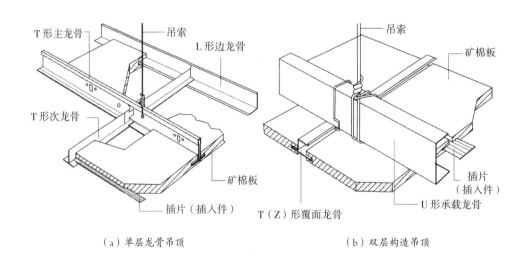

（a）单层龙骨吊顶　　　　　　　　　　　（b）双层构造吊顶

▲ 矿棉吸声板企口嵌装示意图

8. 木饰面饰面顶棚

特点：种类众多，色泽与花纹有很大的选择性。

（a）木板吊顶平面

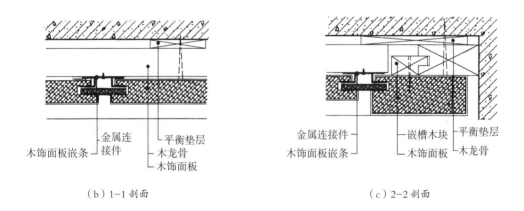

金属连接件	平衡垫层
木饰面板嵌条	木龙骨
	木饰面板

（b）1-1剖面

| 金属连接件 | 嵌槽木块 | 平衡垫层 |
| 木饰面板嵌条 | 木饰面板 | 木龙骨 |

（c）2-2剖面

▲ 木饰面平板顶棚结构（一）

103

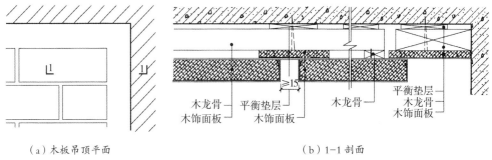

（a）木板吊顶平面

（b）1-1 剖面

▲ 木饰面平板顶棚结构（二）

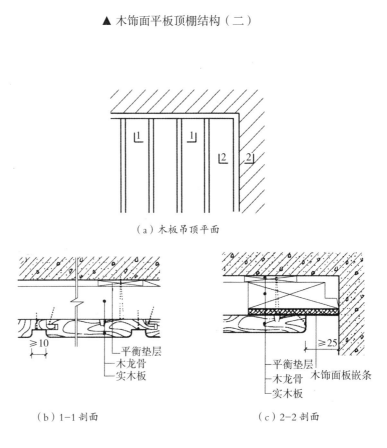

（a）木板吊顶平面

（b）1-1 剖面

（c）2-2 剖面

▲ 木饰面平板顶棚结构（三）

9. 顶棚特殊部位构造

（1）顶棚与墙面连接构造

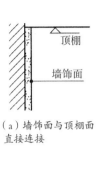

（a）墙饰面与顶棚面直接连接

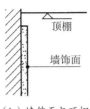

（b）墙饰面与顶棚面间留距离

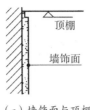

（c）墙饰面与顶棚面间留距离

（d）墙饰面与顶面连接处加装饰阴角线

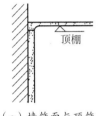

（e）墙饰面与顶饰面平整交接

（f）墙饰面与顶棚连接处上凸（凸的宽度较小，深度较深相当于缝）

（g）墙饰面与顶棚连接处上凸留宽缝

（h）墙饰面与顶棚连接处上凸

（i）墙饰面与顶棚连接上凸处设灯光或风口

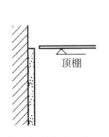

（j）墙饰面与顶棚连接留缝

（k）墙饰面与顶棚连接处设暗藏式灯槽

（l）墙饰面与顶棚连接处暗藏点或线光源

▲ 顶棚与墙面的连接方式

（2）顶棚与窗帘盒连接构造

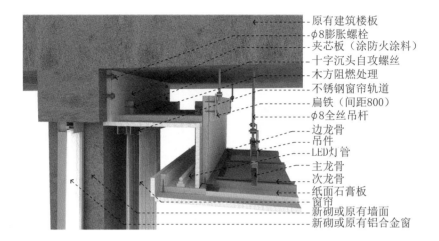

原有建筑楼板
φ8膨胀螺栓
夹芯板（涂防火涂料）
十字沉头自攻螺丝
木方阻燃处理
不锈钢窗帘轨道
扁铁（间距800）
φ8全丝吊杆
边龙骨
吊件
LED灯管
主龙骨
次龙骨
纸面石膏板
窗帘
新砌或原有墙面
新砌或原有铝合金窗

▲ 顶棚窗帘盒三维示意图

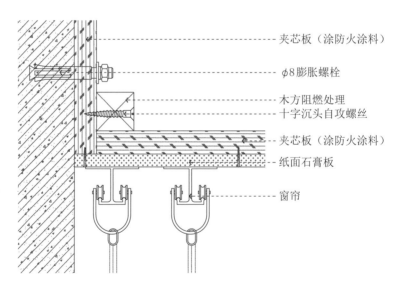

夹芯板（涂防火涂料）

φ8膨胀螺栓

木方阻燃处理
十字沉头自攻螺丝

夹芯板（涂防火涂料）

纸面石膏板

窗帘

▲ 窗帘盒剖面示意图

（3）顶棚与灯具连接构造

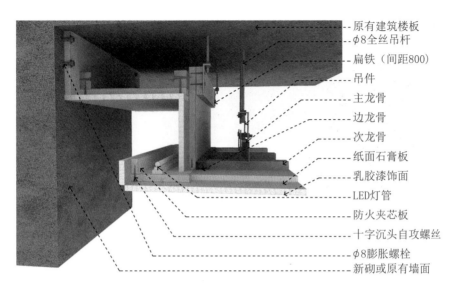

- 原有建筑楼板
- φ8全丝吊杆
- 扁铁（间距800）
- 吊件
- 主龙骨
- 边龙骨
- 次龙骨
- 纸面石膏板
- 乳胶漆饰面
- LED灯管
- 防火夹芯板
- 十字沉头自攻螺丝
- φ8膨胀螺栓
- 新砌或原有墙面

▲ 顶棚灯槽三维示意图

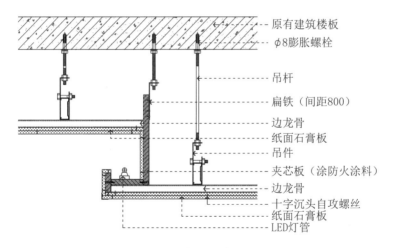

- 原有建筑楼板
- φ8膨胀螺栓
- 吊杆
- 扁铁（间距800）
- 边龙骨
- 纸面石膏板
- 吊件
- 夹芯板（涂防火涂料）
- 边龙骨
- 十字沉头自攻螺丝
- 纸面石膏板
- LED灯管

▲ 灯槽剖面示意图

（4）顶棚与通风口连接构造

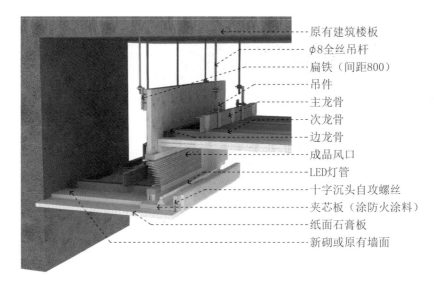

原有建筑楼板
φ8全丝吊杆
扁铁（间距800）
吊件
主龙骨
次龙骨
边龙骨
成品风口
LED灯管
十字沉头自攻螺丝
夹芯板（涂防火涂料）
纸面石膏板
新砌或原有墙面

▲ 空调侧进出风口制作施工三维示意图

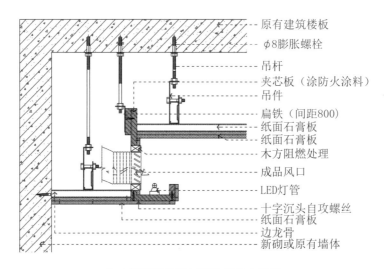

原有建筑楼板
φ8膨胀螺栓
吊杆
夹芯板（涂防火涂料）
吊件
扁铁（间距800）
纸面石膏板
纸面石膏板
木方阻燃处理
成品风口
LED灯管
十字沉头自攻螺丝
纸面石膏板
边龙骨
新砌或原有墙体

▲ 空调侧进出风口制作施工大样图

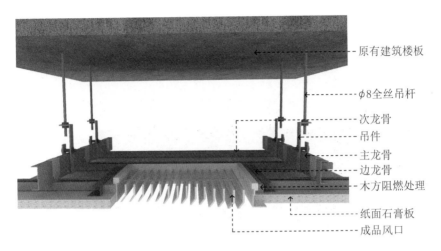

原有建筑楼板

φ8全丝吊杆

次龙骨

吊件

主龙骨

边龙骨

木方阻燃处理

纸面石膏板

成品风口

▲ 空调下进出风口制作三维示意图

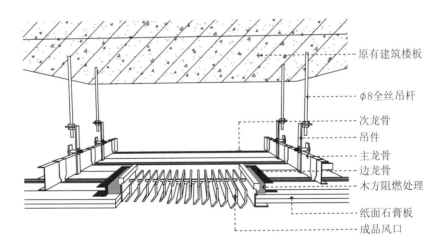

原有建筑楼板

φ8全丝吊杆

次龙骨

吊件

主龙骨

边龙骨

木方阻燃处理

纸面石膏板

成品风口

▲ 空调下进出风口制作透视图

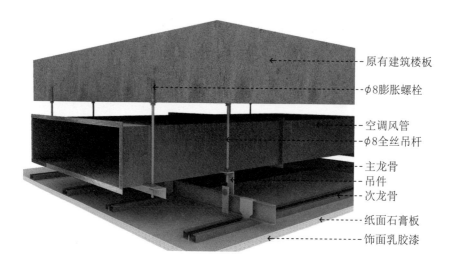

- 原有建筑楼板
- φ8膨胀螺栓
- 空调风管
- φ8全丝吊杆
- 主龙骨
- 吊件
- 次龙骨
- 纸面石膏板
- 饰面乳胶漆

▲ 吊顶空调风管固定工艺三维示意图

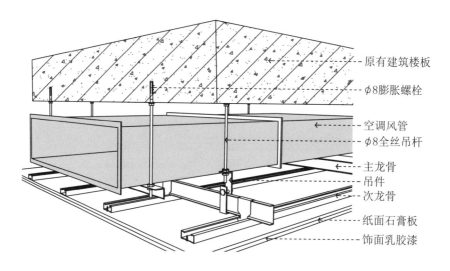

- 原有建筑楼板
- φ8膨胀螺栓
- 空调风管
- φ8全丝吊杆
- 主龙骨
- 吊件
- 次龙骨
- 纸面石膏板
- 饰面乳胶漆

▲ 吊顶空调风管固定工艺透视图

（5）顶棚与检修孔连接构造

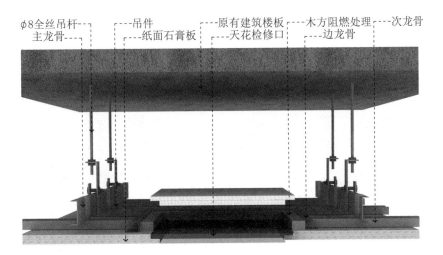

▲ 吊顶检修口制作施工工艺三维示意图

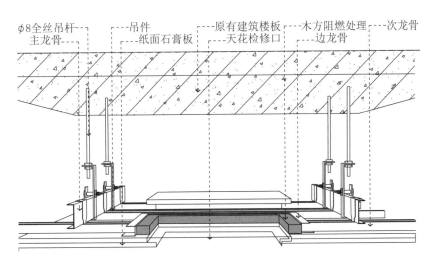

▲ 吊顶检修口制作施工工艺透视图

第二节 楼房地面装饰材料与构造

1. 现浇水磨石地面

特点：耐磨、防水、防火，质地美观、易清洁。适合装饰走道、门厅和主要房间。

楼地面装饰构造
节点图

▲ 美术水磨石地面花纹示例

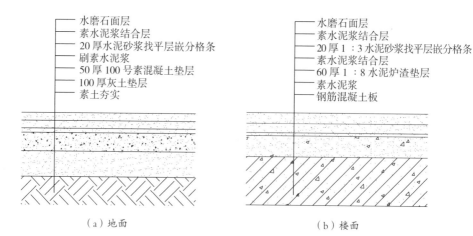

——水磨石面层
——素水泥浆结合层
——20厚水泥砂浆找平层嵌分格条
——刷素水泥浆
——50厚100号素混凝土垫层
——100厚灰土垫层
——素土夯实

——水磨石面层
——素水泥浆结合层
——20厚1：3水泥砂浆找平层嵌分格条
——素水泥浆结合层
——60厚1：8水泥炉渣垫层
——素水泥浆
——钢筋混凝土板

（a）地面　　　　　　　　　　（b）楼面

▲ 现浇水磨石楼地面的构造

2. 地砖地面

特点：表面致密光滑、质地坚硬、施工方便，款式和色彩多样，装饰效果好。

（1）瓷砖地面

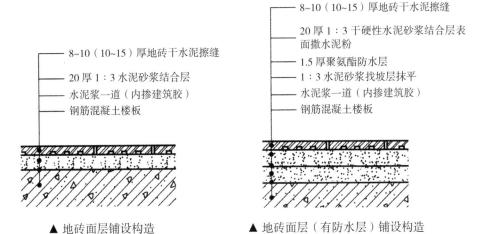

—— 8~10（10~15）厚地砖干水泥擦缝

—— 20厚1:3水泥砂浆结合层

—— 水泥浆一道（内掺建筑胶）

—— 钢筋混凝土楼板

▲ 地砖面层铺设构造

—— 8~10（10~15）厚地砖干水泥擦缝

—— 20厚1:3干硬性水泥砂浆结合层表面撒水泥粉

—— 1.5厚聚氨酯防水层

—— 1:3水泥砂浆找坡层抹平

—— 水泥浆一道（内掺建筑胶）

—— 钢筋混凝土楼板

▲ 地砖面层（有防水层）铺设构造

（2）陶瓷锦砖地面

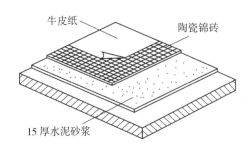

牛皮纸　　　陶瓷锦砖

15厚水泥砂浆

▲ 陶瓷锦砖铺设构造示意图

▲ 陶瓷锦砖铺设构造实景图

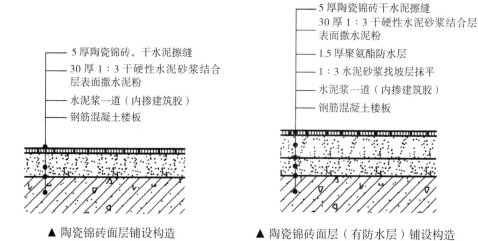

5 厚陶瓷锦砖，干水泥擦缝

30 厚 1∶3 干硬性水泥砂浆结合层表面撒水泥粉

水泥浆一道（内掺建筑胶）

钢筋混凝土楼板

▲ 陶瓷锦砖面层铺设构造

5 厚陶瓷锦砖干水泥擦缝

30 厚 1∶3 干硬性水泥砂浆结合层表面撒水泥粉

1.5 厚聚氨酯防水层

1∶3 水泥砂浆找坡层抹平

水泥浆一道（内掺建筑胶）

钢筋混凝土楼板

▲ 陶瓷锦砖面层（有防水层）铺设构造

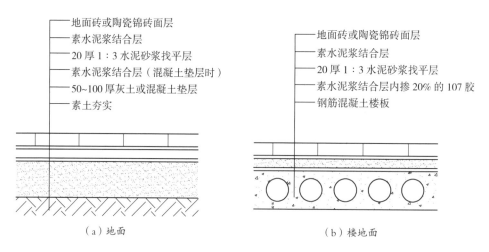

地面砖或陶瓷锦砖面层

素水泥浆结合层

20 厚 1∶3 水泥砂浆找平层

素水泥浆结合层（混凝土垫层时）

50~100 厚灰土或混凝土垫层

素土夯实

（a）地面

地面砖或陶瓷锦砖面层

素水泥浆结合层

20 厚 1∶3 水泥砂浆找平层

素水泥浆结合层内掺 20% 的 107 胶

钢筋混凝土楼板

（b）楼地面

▲ 地砖地面及楼地面的构造

3. 花岗岩、大理石地面

特点：具有良好的抗压强度，质地坚硬、耐磨，色彩丰富、花纹自然美丽，有极强的装饰性。

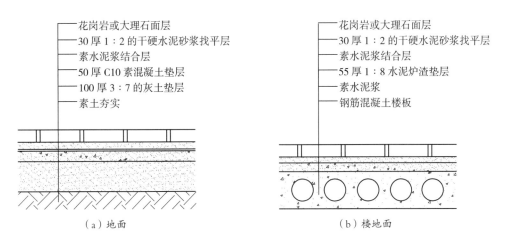

（a）地面

花岗岩或大理石面层
30 厚 1：2 的干硬水泥砂浆找平层
素水泥浆结合层
50 厚 C10 素混凝土垫层
100 厚 3：7 的灰土垫层
素土夯实

（b）楼地面

花岗岩或大理石面层
30 厚 1：2 的干硬水泥砂浆找平层
素水泥浆结合层
55 厚 1：8 水泥炉渣垫层
素水泥浆
钢筋混凝土楼板

▲ 地面及楼地面的构造

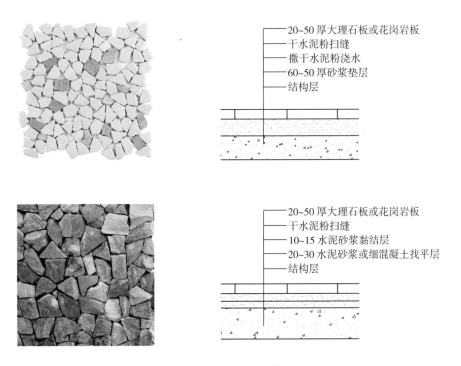

20~50 厚大理石板或花岗岩板
干水泥粉扫缝
撒干水泥粉浇水
60~50 厚砂浆垫层
结构层

20~50 厚大理石板或花岗岩板
干水泥粉扫缝
10~15 水泥砂浆黏结层
20~30 水泥砂浆或细混凝土找平层
结构层

▲ 花岗岩、大理石碎拼地面的构造

4. 实铺式木楼地面

特点：木楼地面下有足够的通风空间，可保持干燥，防止木格栅腐烂、损坏。

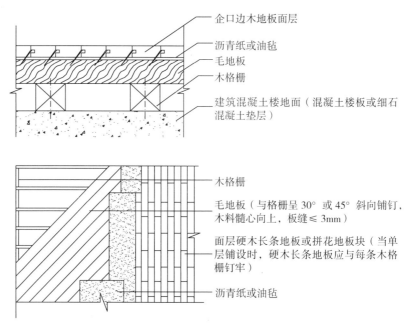

企口边木地板面层
沥青纸或油毡
毛地板
木格栅
建筑混凝土楼地面（混凝土楼板或细石混凝土垫层）

木格栅
毛地板（与格栅呈 30° 或 45° 斜向铺钉，木料髓心向上，板缝 ≤ 3mm）
面层硬木长条地板或拼花地板块（当单层铺设时，硬木长条地板应与每条木格栅钉牢）
沥青纸或油毡

▲ 实铺式木地板的铺设做法

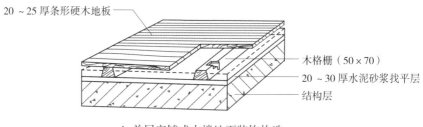

20 ~ 25 厚条形硬木地板
木格栅（50×70）
20 ~ 30 厚水泥砂浆找平层
结构层

▲ 单层实铺式木楼地面装饰构造

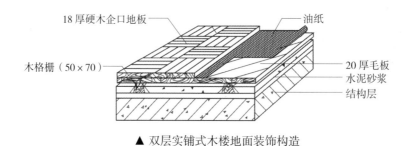

18 厚硬木企口地板
油纸
木格栅（50×70）
20 厚毛板
水泥砂浆
结构层

▲ 双层实铺式木楼地面装饰构造

5. 架空式木楼地面

特点：此种构造方式可以使木地板更富有弹性、脚感舒适，而且可以隔声、防潮。

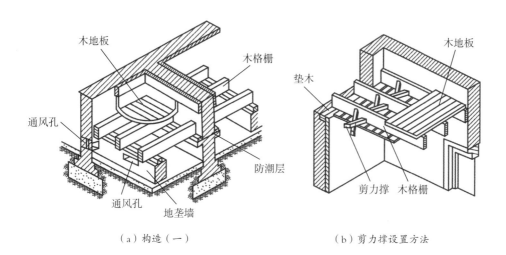

（a）构造（一）　　　　　　　　　　　　　　　（b）剪力撑设置方法

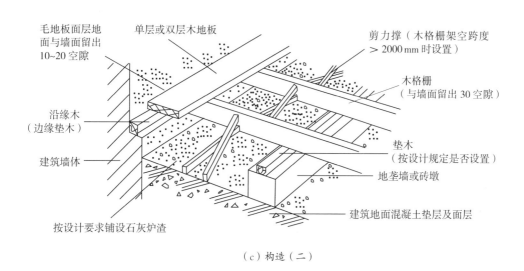

（c）构造（二）

▲ 架空式木楼地面的构造

6. 地毯楼地面

特点：具有吸声、隔声、隔热保温、脚感舒适柔软、弹性佳、装饰效果好等特点。

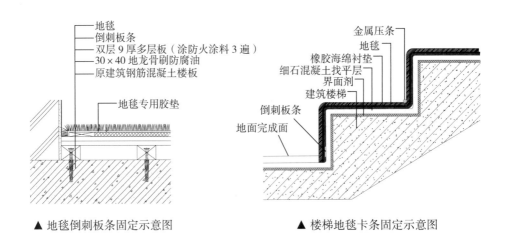

地毯
倒刺板条
双层9厚多层板（涂防火涂料3遍）
30×40地龙骨刷防腐油
原建筑钢筋混凝土楼板
地毯专用胶垫

金属压条
地毯
橡胶海绵衬垫
细石混凝土找平层
界面剂
建筑楼梯
倒刺板条
地面完成面

▲ 地毯倒刺板条固定示意图　　　　　▲ 楼梯地毯卡条固定示意图

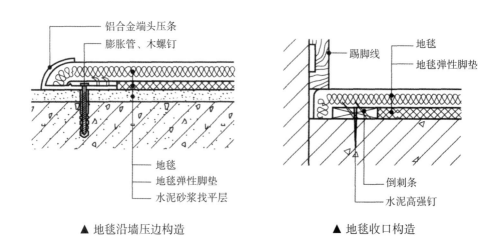

铝合金端头压条
膨胀管、木螺钉
地毯
地毯弹性脚垫
水泥砂浆找平层

踢脚线
地毯
地毯弹性脚垫
倒刺条
水泥高强钉

▲ 地毯沿墙压边构造　　　　　　　　▲ 地毯收口构造

7. 楼房地面特殊部位构造

楼房地面特殊部位构造包括踢脚板、变形缝以及不同材质地面连接的构造处理。

（1）踢脚板

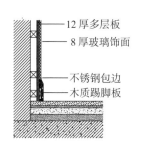

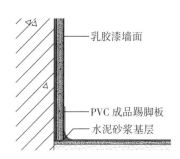

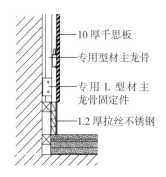

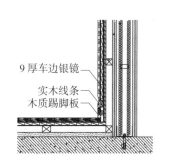

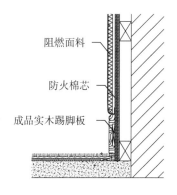

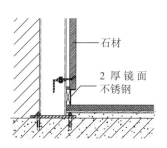

▲ 踢脚板构造示例

（2）地面不同材质交接

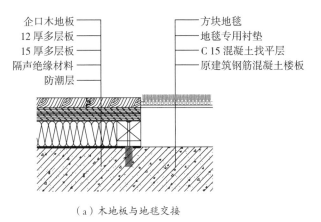

企口木地板
12厚多层板
15厚多层板
隔声绝缘材料
防潮层

方块地毯
地毯专用衬垫
C15混凝土找平层
原建筑钢筋混凝土楼板

（a）木地板与地毯交接

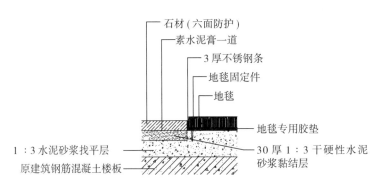

石材（六面防护）
素水泥膏一道
3厚不锈钢条
地毯固定件
地毯

1：3水泥砂浆找平层
原建筑钢筋混凝土楼板

地毯专用胶垫
30厚1：3干硬性水泥砂浆黏结层

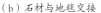

（b）石材与地毯交接

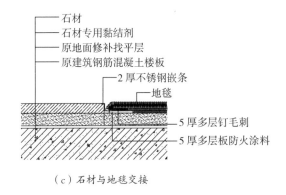

石材
石材专用黏结剂
原地面修补找平层
原建筑钢筋混凝土楼板
2厚不锈钢嵌条
地毯

5厚多层钉毛刺
5厚多层板防火涂料

（c）石材与地毯交接

▲ 常见不同材质楼房地面的交接构造处理（一）

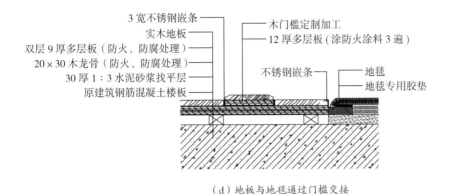

3 宽不锈钢嵌条
实木地板
双层 9 厚多层板（防火、防腐处理）
20×30 木龙骨（防火、防腐处理）
30 厚 1：3 水泥砂浆找平层
原建筑钢筋混凝土楼板

木门槛定制加工
12 厚多层板（涂防火涂料 3 遍）

不锈钢嵌条
地毯
地毯专用胶垫

（d）地板与地毯通过门槛交接

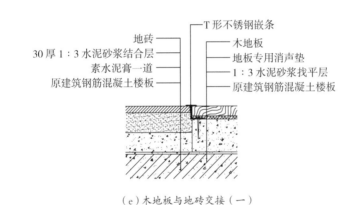

地砖
30 厚 1：3 水泥砂浆结合层
素水泥膏一道
原建筑钢筋混凝土楼板

T 形不锈钢嵌条
木地板
地板专用消声垫
1：3 水泥砂浆找平层
原建筑钢筋混凝土楼板

（e）木地板与地砖交接（一）

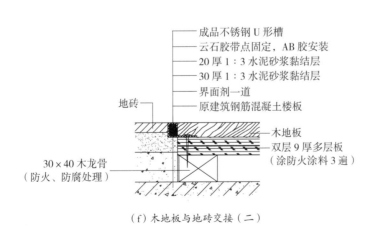

成品不锈钢 U 形槽
云石胶带点固定，AB 胶安装
20 厚 1：3 水泥砂浆黏结层
30 厚 1：3 水泥砂浆黏结层
界面剂一道
原建筑钢筋混凝土楼板

地砖

木地板
双层 9 厚多层板
（涂防火涂料 3 遍）

30×40 木龙骨
（防火、防腐处理）

（f）木地板与地砖交接（二）

▲ 常见不同材质楼房地面的交接构造处理（二）

第三节 墙面装饰材料与构造

1. 涂料饰面墙体

特点：色彩丰富、质感逼真、附着力强、施工方便、省时省料、造价低。

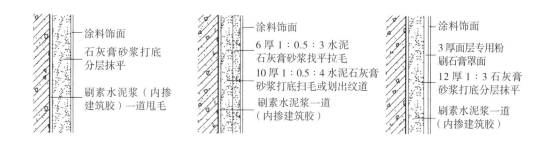

涂料饰面
石灰膏砂浆打底
分层抹平
刷素水泥浆（内掺
建筑胶）一道甩毛

涂料饰面
6 厚 1：0.5：3 水泥
石灰膏砂浆找平拉毛
10 厚 1：0.5：4 水泥石灰膏
砂浆打底扫毛或划出纹道
刷素水泥浆一道
（内掺建筑胶）

涂料饰面
3 厚面层专用粉
刷石膏罩面
12 厚 1：3 石灰膏
砂浆打底分层抹平
刷素水泥浆一道
（内掺建筑胶）

▲ 内墙涂料饰面构造

2. 木质饰面墙体

（1）罩面板类墙体饰面

特点：具有耐久性，虽然施工技术要求较高，但现场湿作业量少，安全简便。

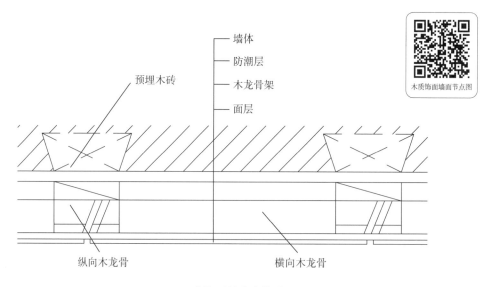

墙体
防潮层
木龙骨架
面层

预埋木砖

木质饰面墙面节点图

纵向木龙骨　　　　横向木龙骨

▲ 木饰面的基本构造

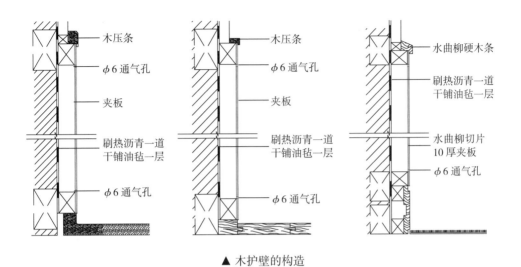

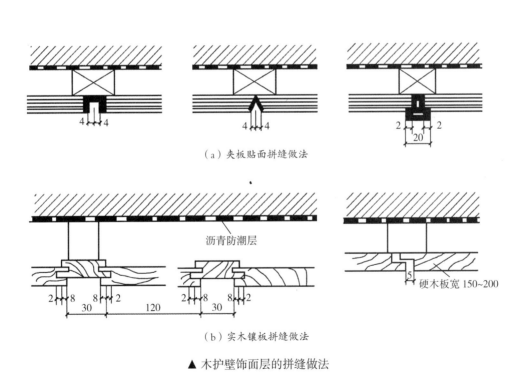

▲ 木护壁的构造

（a）夹板贴面拼缝做法

沥青防潮层

硬木板宽 150~200

（b）实木镶板拼缝做法

▲ 木护壁饰面层的拼缝做法

（2）硬木条和竹条墙体饰面

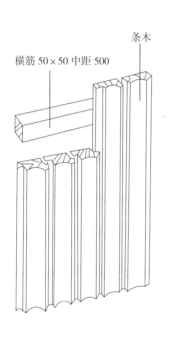

横筋 50×50 中距 500

条木

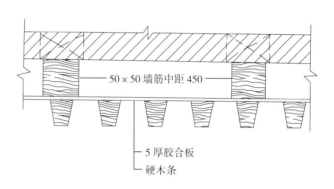

50×50 墙筋中距 450

5 厚胶合板

硬木条

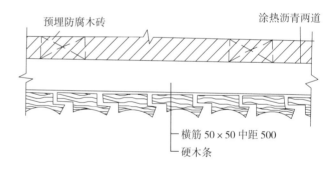

预埋防腐木砖

涂热沥青两道

横筋 50×50 中距 500

硬木条

▲ 硬木条墙体饰面构造

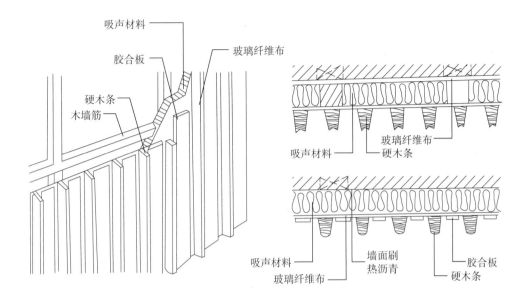

吸声材料

胶合板

玻璃纤维布

硬木条

木墙筋

玻璃纤维布

吸声材料

硬木条

吸声材料

玻璃纤维布

墙面刷
热沥青

胶合板

硬木条

▲ 硬木条吸声墙体饰面构造

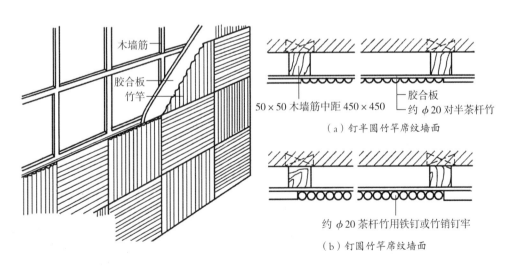

木墙筋

胶合板

竹竿

50×50 木墙筋中距 450×450

胶合板

约 ϕ20 对半茶杆竹

（a）钉半圆竹竿席纹墙面

约 ϕ20 茶杆竹用铁钉或竹销钉牢

（b）钉圆竹竿席纹墙面

▲ 竹条饰面构造

3. 瓷砖饰面墙体

特点：耐腐蚀、防火性能好、种类繁多、使用寿命长、装饰手法丰富。

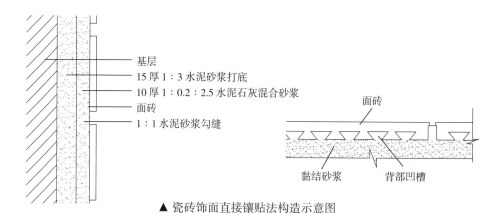

- 基层
- 15 厚 1：3 水泥砂浆打底
- 10 厚 1：0.2：2.5 水泥石灰混合砂浆
- 面砖
- 1：1 水泥砂浆勾缝

- 面砖
- 黏结砂浆
- 背部凹槽

▲ 瓷砖饰面直接镶贴法构造示意图

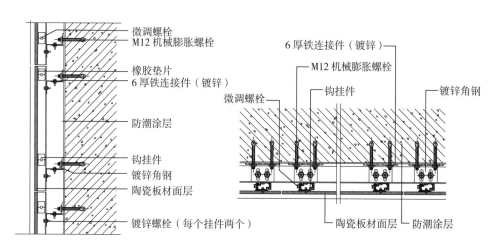

- 微调螺栓
- M12 机械膨胀螺栓
- 橡胶垫片
- 6 厚铁连接件（镀锌）
- 防潮涂层
- 钩挂件
- 镀锌角钢
- 陶瓷板材面层
- 镀锌螺栓（每个挂件两个）

- 6 厚铁连接件（镀锌）
- M12 机械膨胀螺栓
- 微调螺栓
- 钩挂件
- 镀锌角钢
- 陶瓷板材面层
- 防潮涂层

▲ 面砖骨架式连接构造示例

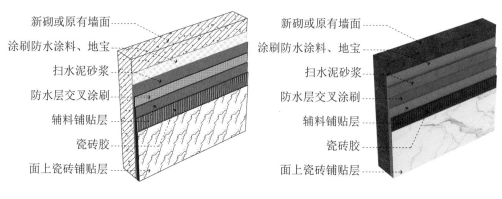

- 新砌或原有墙面
- 涂刷防水涂料、地宝
- 扫水泥砂浆
- 防水层交叉涂刷
- 辅料铺贴层
- 瓷砖胶
- 面上瓷砖铺贴层

- 新砌或原有墙面
- 涂刷防水涂料、地宝
- 扫水泥砂浆
- 防水层交叉涂刷
- 辅料铺贴层
- 瓷砖胶
- 面上瓷砖铺贴层

▲ 墙面瓷砖铺贴工艺透视图   ▲ 墙面瓷砖铺贴工艺三维示意图

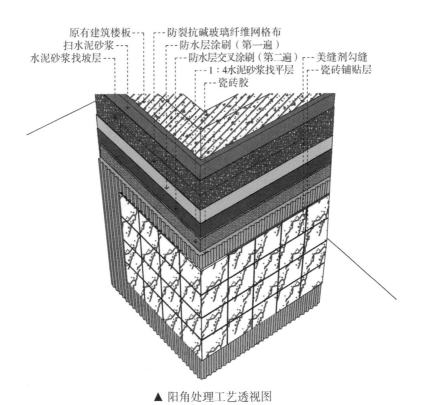

原有建筑楼板
扫水泥砂浆
水泥砂浆找坡层
防裂抗碱玻璃纤维网格布
防水层涂刷（第一遍）
防水层交叉涂刷（第二遍）
1：4水泥砂浆找平层
瓷砖胶
美缝剂勾缝
瓷砖铺贴层

▲ 阳角处理工艺透视图

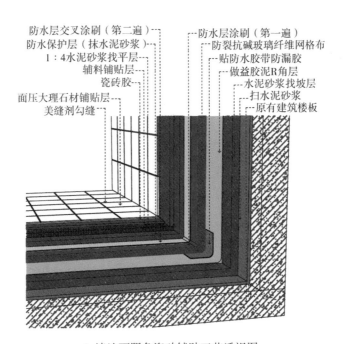

防水层交叉涂刷（第二遍）
防水保护层（抹水泥砂浆）
1：4水泥砂浆找平层
辅料铺贴层
瓷砖胶
面压大理石材铺贴层
美缝剂勾缝
防水层涂刷（第一遍）
防裂抗碱玻璃纤维网格布
贴防水胶带防漏胶
做益胶泥R角层
水泥砂浆找坡层
扫水泥砂浆
原有建筑楼板

▲ 墙地面阴角瓷砖铺贴工艺透视图

4. 天然石材饰面板饰面墙体

特点：花色多样、纹理自然，具有天然美感，且质地坚硬、经久耐用、耐磨。

（1）湿挂法

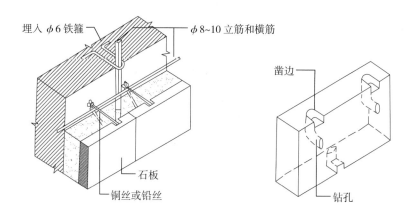

埋入 φ6 铁箍

φ8~10 立筋和横筋

石板

铜丝或铅丝

凿边

钻孔

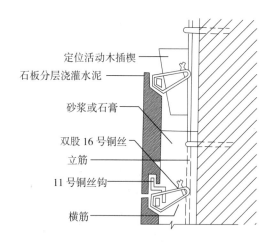

定位活动木插楔

石板分层浇灌水泥

砂浆或石膏

双股 16 号铜丝

立筋

11 号铜丝钩

横筋

▲ 钢筋网捆扎丝挂贴法构造示意图

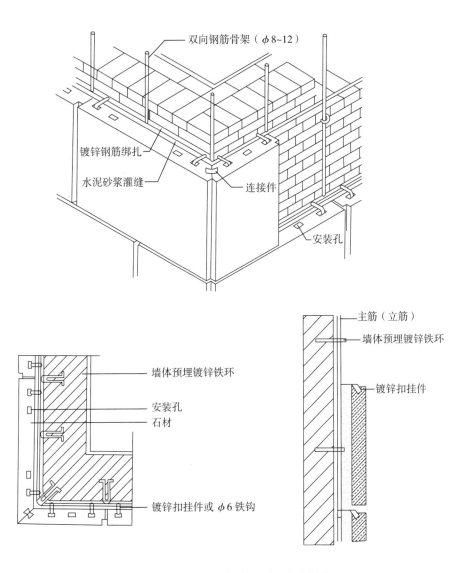

双向钢筋骨架（φ8~12）

镀锌钢筋绑扎

水泥砂浆灌缝

连接件

安装孔

墙体预埋镀锌铁环

安装孔

石材

镀锌扣件或 φ6 铁钩

主筋（立筋）

墙体预埋镀锌铁环

镀锌扣挂件

▲ 钢筋网金属扣件钩挂法构造示意图

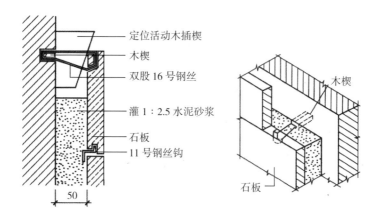

定位活动木插楔

木楔

双股 16 号钢丝

灌 1：2.5 水泥砂浆

石板

11 号钢丝钩

木楔

石板

50

▲ 木楔捆扎丝固定法构造示意图

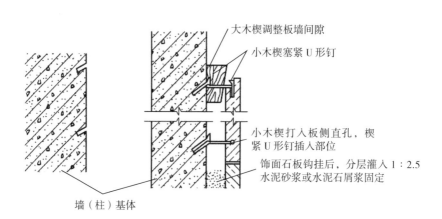

大木楔调整板墙间隙

小木楔塞紧 U 形钉

小木楔打入板侧直孔，楔紧 U 形钉插入部位

饰面石板钩挂后，分层灌入 1：2.5 水泥砂浆或水泥石屑浆固定

墙（柱）基体

▲ 木楔 U 形钉固定法构造示意图

（2）干挂法

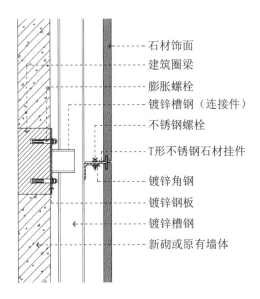

石材饰面
建筑圈梁
膨胀螺栓
镀锌槽钢（连接件）
不锈钢螺栓
T形不锈钢石材挂件
镀锌角钢
镀锌钢板
镀锌槽钢
新砌或原有墙体

▲ 墙面石材干挂工艺剖面图

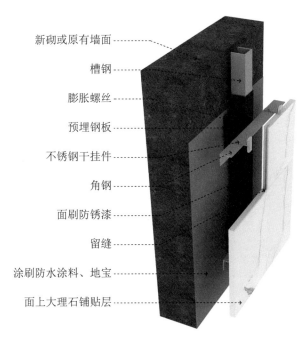

新砌或原有墙面
槽钢
膨胀螺丝
预埋钢板
不锈钢干挂件
角钢
面刷防锈漆
留缝
涂刷防水涂料、地宝
面上大理石铺贴层

▲ 墙面石材干挂工艺三维示意图

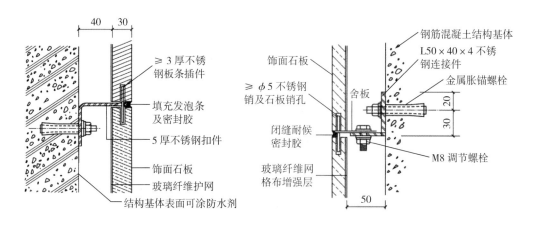

40　30

≥3厚不锈
钢板条插件

填充发泡条
及密封胶

5厚不锈钢扣件

饰面石板

玻璃纤维护网

结构基体表面可涂防水剂

钢筋混凝土结构基体

L50×40×4不锈
钢连接件

饰面石板

金属胀锚螺栓

≥φ5不锈钢
销及石板销孔

含板

20

30

闭缝耐候
密封胶

M8调节螺栓

玻璃纤维网
格布增强层

50

▲ 干挂无龙骨构造示意图

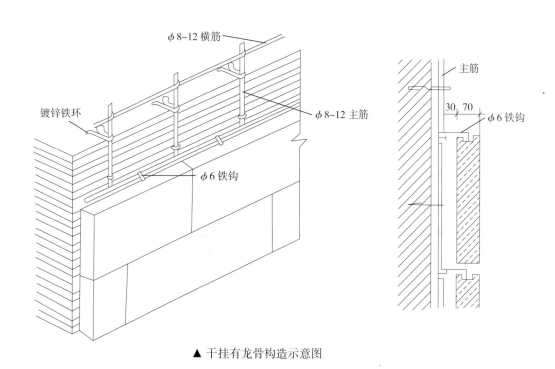

φ8~12横筋

镀锌铁环

φ8~12主筋

φ6铁钩

主筋

30　70

φ6铁钩

▲ 干挂有龙骨构造示意图

5. 金属薄板饰面墙体

特点：具有真实的金属质感和耐磨、耐刮、阻燃、防火的性能。

（1）铝合金饰面板饰面墙体

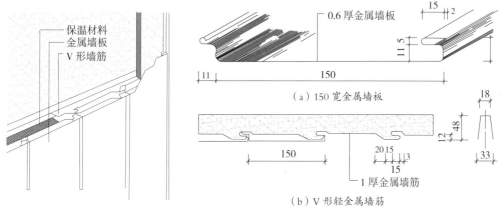

▲ 铝合金饰面板饰面构造

（a）150 宽金属墙板

（b）V 形轻金属墙筋

▲ 铝合金墙板的加工形态

（2）不锈钢饰面板饰面墙体

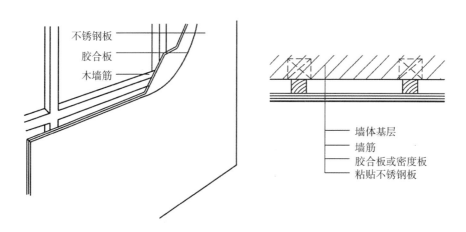

▲ 不锈钢饰面板饰面构造

6. 玻璃饰面墙体

特点：可使视觉延伸，扩大空间感，与灯具和照明结合会形成各种不同的环境气氛。

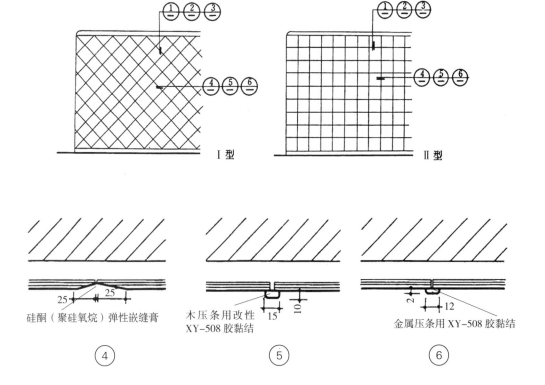

▲ 玻璃墙面一般构造示意图（一）

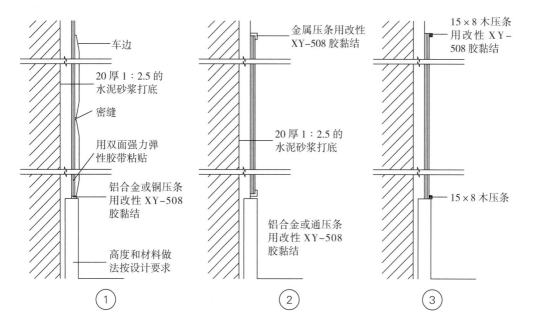

图中标注：

① 车边
20 厚 1：2.5 的水泥砂浆打底
密缝
用双面强力弹性胶带粘贴
铝合金或铜压条用改性 XY-508 胶黏结
高度和材料做法按设计要求

② 金属压条用改性 XY-508 胶黏结
20 厚 1：2.5 的水泥砂浆打底
铝合金或通压条用改性 XY-508 胶黏结

③ 15×8 木压条用改性 XY-508 胶黏结
15×8 木压条

▲ 玻璃墙面一般构造示意图（二）

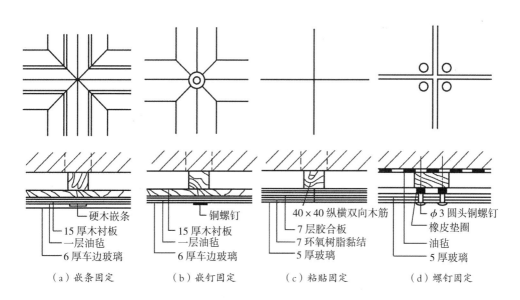

（a）嵌条固定
硬木嵌条
15 厚木衬板
一层油毡
6 厚车边玻璃

（b）嵌钉固定
铜螺钉
15 厚木衬板
一层油毡
6 厚车边玻璃

（c）粘贴固定
40×40 纵横双向木筋
7 层胶合板
7 环氧树脂黏结
5 厚玻璃

（d）螺钉固定
φ3 圆头铜螺钉
橡皮垫圈
油毡
5 厚玻璃

▲ 固定玻璃的方法

7. 墙纸、墙布饰面墙体

特点：款式和花色繁多，装饰效果较好，相对墙漆环保性稍强。

硬包、软包饰面
墙面节点图

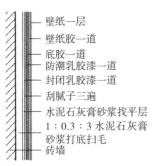

壁纸一层
壁纸胶一道
底胶一道
防潮乳胶漆一道
封闭乳胶漆一道
刮腻子三遍
水泥石灰膏砂浆找平层
1：0.3：3 水泥石灰膏
砂浆打底扫毛
砖墙

（a）砖墙基层

壁纸一层
刷壁纸胶一道
底胶一道
防潮乳胶漆一道
封闭乳胶漆一道
满刮腻子找平
石膏板

（b）石膏板基层

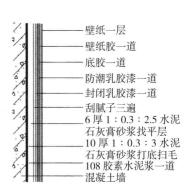

壁纸一层
壁纸胶一道
底胶一道
防潮乳胶漆一道
封闭乳胶漆一道
刮腻子三遍
6 厚 1：0.3：2.5 水泥
石灰膏砂浆找平层
10 厚 1：0.3：3 水泥
石灰膏砂浆打底扫毛
108 胶素水泥浆一道
混凝土墙

（c）混凝土墙基层

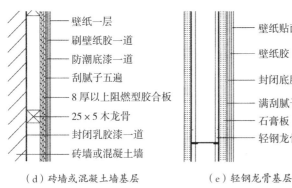

壁纸一层
刷壁纸胶一道
防潮底漆一道
刮腻子五遍
8 厚以上阻燃型胶合板
25×5 木龙骨
封闭乳胶漆一道
砖墙或混凝土墙

（d）砖墙或混凝土墙基层

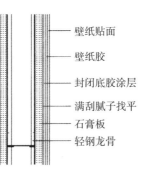

壁纸贴面
壁纸胶
封闭底胶涂层
满刮腻子找平
石膏板
轻钢龙骨

（e）轻钢龙骨基层

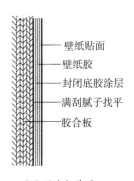

壁纸贴面
壁纸胶
封闭底胶涂层
满刮腻子找平
胶合板

（f）胶合板基层

▲ 墙纸与墙布饰面构造

8. 墙面特殊部位构造

（1）暖气罩

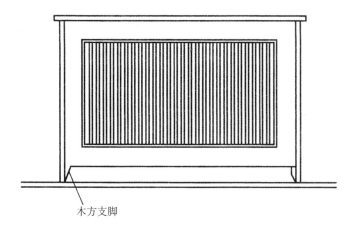

木方支脚

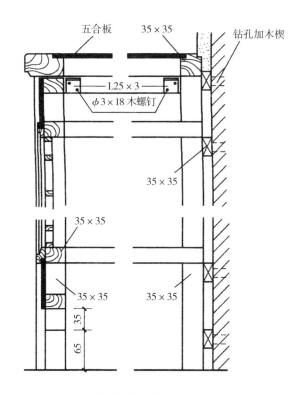

五合板　　35×35　　钻孔加木楔

L25×3

φ3×18 木螺钉

35×35

35×35

35×35　　35×35

35

65

▲ 木质暖气罩的构造

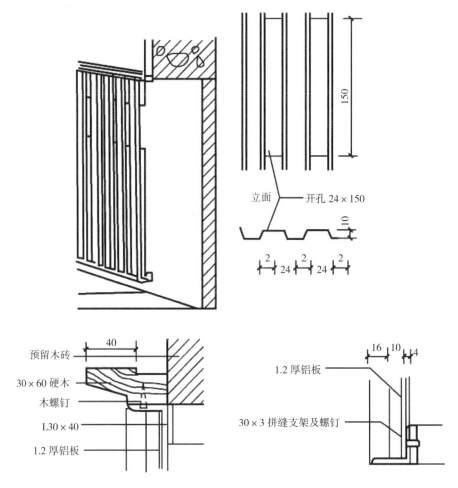

立面　　开孔 24×150

预留木砖
30×60 硬木
木螺钉
L30×40
1.2 厚铝板

1.2 厚铝板
30×3 拼缝支架及螺钉

▲ 金属暖气罩的构造

（2）窗帘盒

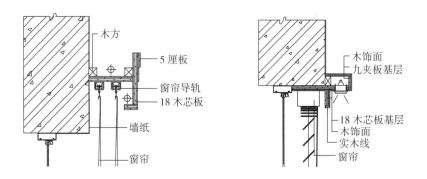

木方
5 厘板
窗帘导轨
18 木芯板
墙纸
窗帘

木饰面
九夹板基层
18 木芯板基层
木饰面
实木线
窗帘

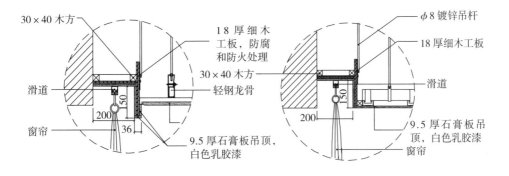

▲ 明窗帘盒的构造

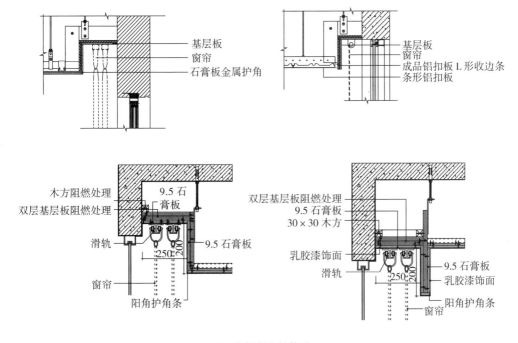

▲ 暗窗帘盒的构造

隔墙材料与构造

1. 黏土砖隔墙

特点：砖砌隔断墙成本较低，更能形成空间感。

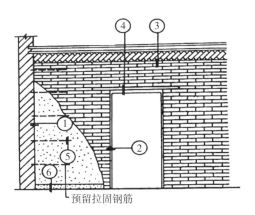

预留拉固钢筋

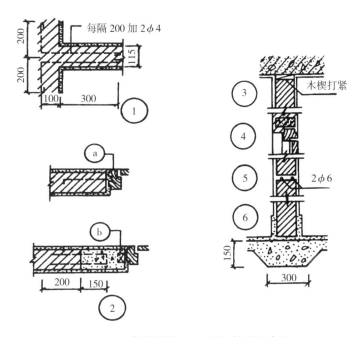

▲ 半砖隔墙（120厚）构造示意图

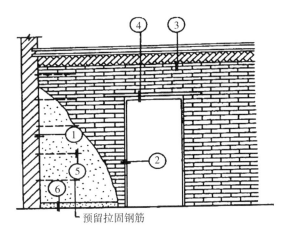

预留拉固钢筋

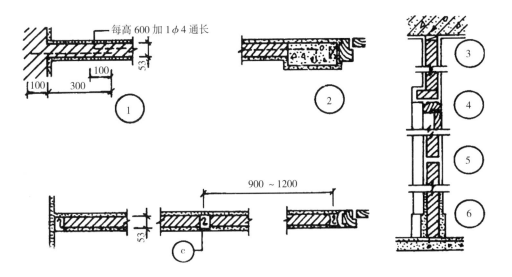

每高 600 加 1φ4 通长

100 300 100

53

900 ~ 1200

53

▲ 1/4 砖隔墙（60 厚）构造示意图

2. 玻璃砖隔墙

特点：具有隔热、隔声、绝缘、防水、耐火的特性，整面墙、窗、隔断、楼板、楼梯等部位均适用。

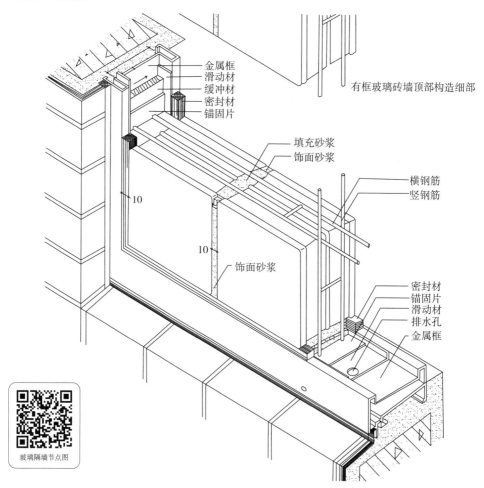

金属框
滑动材
缓冲材
密封材
锚固片

有框玻璃砖墙顶部构造细部

填充砂浆
饰面砂浆

横钢筋
竖钢筋

饰面砂浆

密封材
锚固片
滑动材
排水孔
金属框

玻璃隔墙节点图

▲有框玻璃砖墙侧部、底部构造示意图

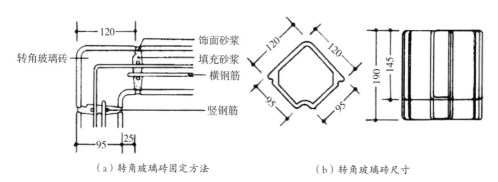

120
饰面砂浆
填充砂浆
转角玻璃砖
横钢筋
竖钢筋
95 25

（a）转角玻璃砖固定方法

120 120
95 95
95
190 145

（b）转角玻璃砖尺寸

▲玻璃砖墙转角构造示意图

3. 木龙骨隔墙

特点：具有自重轻、构造简单、拆装方便等特点，因此应用广泛。

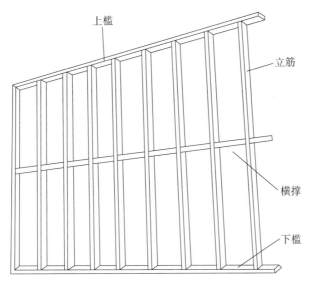

▲ 木骨架隔墙骨架

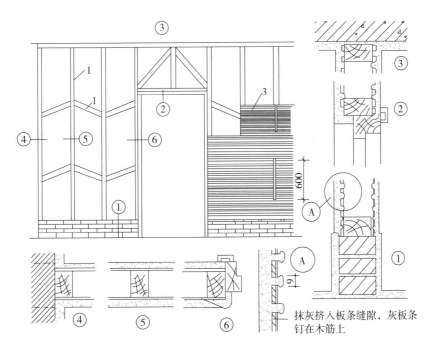

▲ 板条抹灰隔墙构造

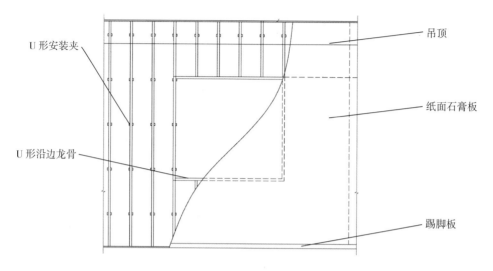

U 形安装夹

U 形沿边龙骨

吊顶

纸面石膏板

踢脚板

（a）纸面石膏板轻钢龙骨隔墙

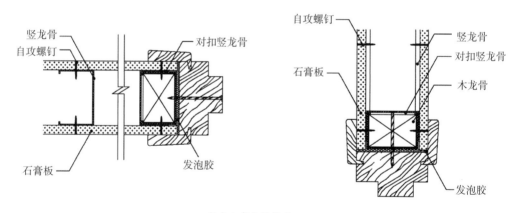

竖龙骨

自攻螺钉

石膏板

对扣竖龙骨

发泡胶

自攻螺钉

竖龙骨

对扣竖龙骨

木龙骨

石膏板

发泡胶

（b）细部构造节点

▲ 面板隔墙的构造

4. 轻钢龙骨隔墙

特点：强度高、刚度大、自重轻、整体性好，易于加工和大批量生产。

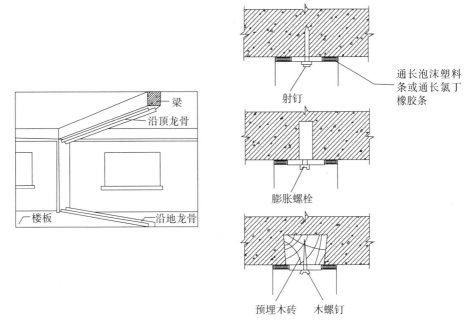

（a）隔墙轻钢龙骨的安装

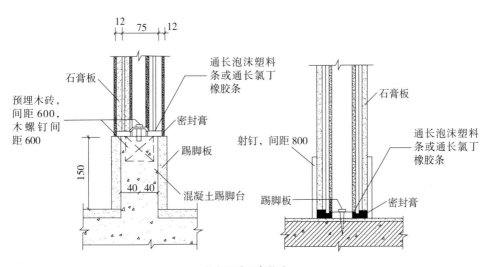

（b）隔墙下部构造

▲ 轻钢龙骨隔墙构造示例

5. 轻质板隔墙

特点：具有强度高、韧性好、保温隔热、耐火、隔声、抗震等优点，且经济耐用。

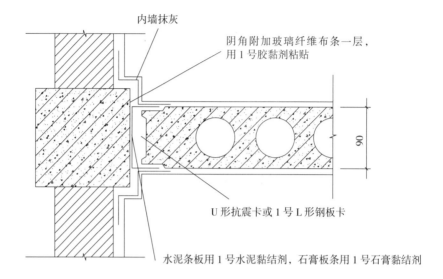

内墙抹灰

阴角附加玻璃纤维布条一层，用1号胶黏剂粘贴

90

U形抗震卡或1号L形钢板卡

水泥条板用1号水泥黏结剂，石膏板条用1号石膏黏结剂

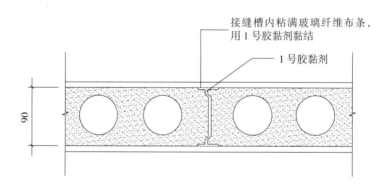

接缝槽内粘满玻璃纤维布条，用1号胶黏剂黏结

1号胶黏剂

90

▲ 轻质板隔墙构造

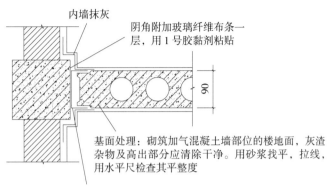

内墙抹灰

阴角附加玻璃纤维布条一层，用1号胶黏剂粘贴

基面处理：砌筑加气混凝土墙部位的楼地面，灰渣杂物及高出部分应清除干净。用砂浆找平，拉线，用水平尺检查其平整度

光面板为3厚石膏腻子找平；麻面板为10厚水泥砂浆抹平膨胀水泥砂浆

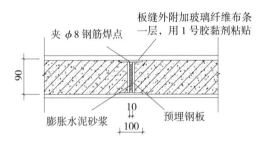

夹 φ8 钢筋焊点

板缝外附加玻璃纤维布条一层，用1号胶黏剂粘贴

膨胀水泥砂浆

预埋钢板

玻璃纤维网格布

8 φ5（120厚）

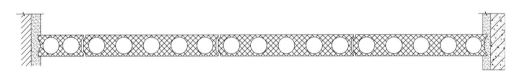

▲ 加气混凝土条板隔墙构造

第五节 隔断材料与构造

1. 屏风式隔断

特点：有一定分隔空间和遮挡视线的作用，但通常不到顶，因此不存在隔声作用。

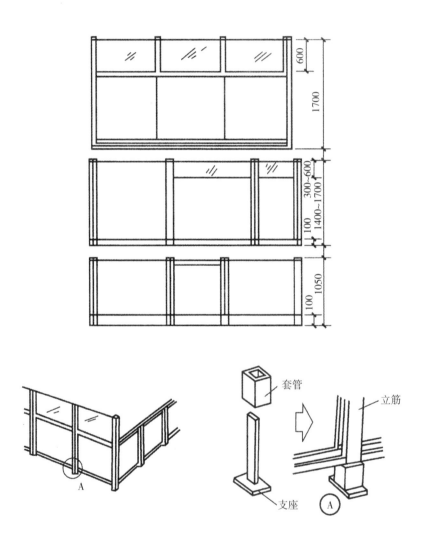

▲ 屏风式隔断

2. 固定式隔断

特点：隔声效果及密封性好，防潮、不开裂、不变形，常温常压下不生锈、不氧化。

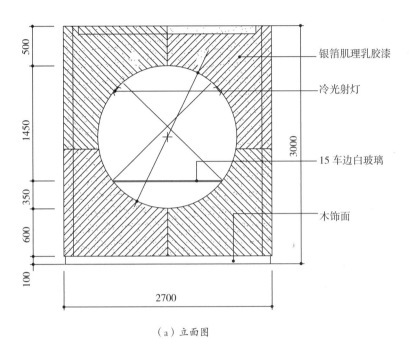

（a）立面图

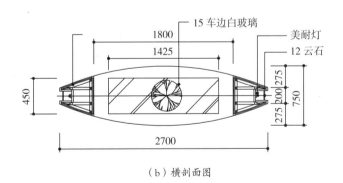

（b）横剖面图

▲ 固定式隔断构造示例

3. 移动式隔断

特点：能够灵活地使两部分空间独立或合并，且具有隔声和遮挡视线的作用。

（1）拼装式隔断

由若干独立的隔扇拼装而成，不需要左右移动，所以不安装导轨和滑轮。

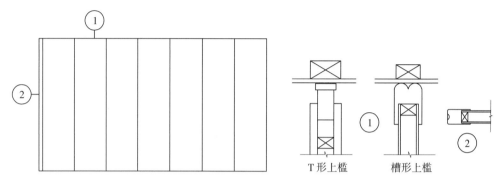

▲ 拼装式隔断构造

（2）直滑式隔断

直滑式隔断由多扇组成，隔扇可独立也可用铰链连接在一起。独立的隔扇可以沿着各自的轨道呈直线滑动。

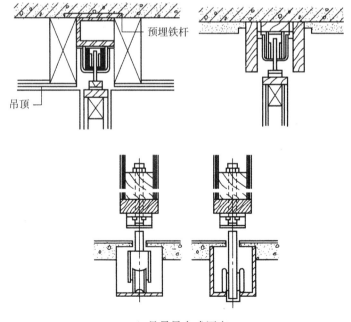

▲ 悬吊导向式固定

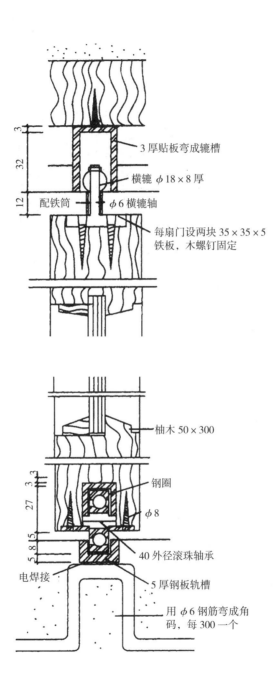

3 厚贴板弯成辘槽

横辘 ϕ 18×8 厚

配铁筒 —— ϕ 6 横辘轴

每扇门设两块 35×35×5
铁板，木螺钉固定

柚木 50×300

钢圈

ϕ 8

40 外径滚珠轴承

电焊接

5 厚钢板轨槽

用 ϕ 6 钢筋弯成角
码，每 300 一个

▲ 支撑导向式固定

（3）折叠式隔断

折叠式隔断可以如折叠门一般展开和收拢，使用材料有硬质和软质两类。硬质折叠式隔断由木隔扇或金属隔扇构成，隔扇之间用铰链连接；软质折叠式隔断由棉麻织品、橡胶或塑料材质制成。

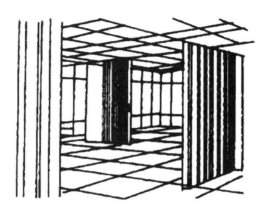

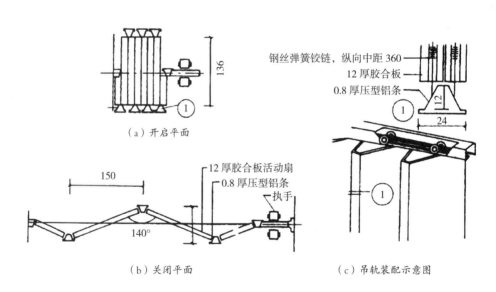

（a）开启平面

（b）关闭平面

钢丝弹簧铰链，纵向中距 360
12 厚胶合板
0.8 厚压型铝条

12 厚胶合板活动扇
0.8 厚压型铝条
执手

（c）吊轨装配示意图

▲ 折叠式隔断构造

4. 空透式隔断

特点：以限定空间为主要目的，兼具隔声和阻隔视线的作用，但隔声和阻隔视线的作用相对较弱。

（1）水泥制品空透隔断

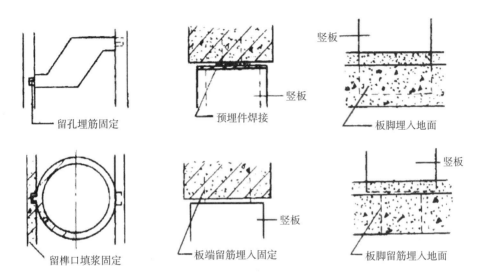

▲ 水泥条板及花格的拼接与固定

（2）竹木花格空透隔断

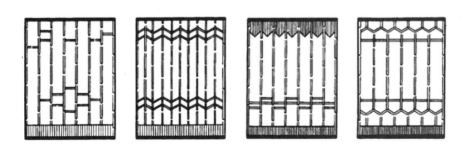

▲ 竹花格空透隔断

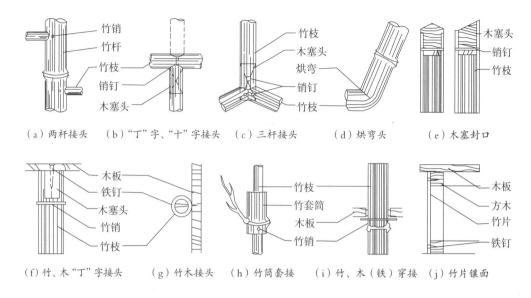

（a）两杆接头　（b）"丁"字、"十"字接头　（c）三杆接头　　　（d）烘弯头　　　（e）木塞封口

（f）竹、木"丁"字接头　（g）竹木接头　（h）竹筒套接　（i）竹、木（铁）穿接　（j）竹片镶面

▲ 竹花格空透隔断连接构造

▲ 木花格空透隔断

（3）金属花格隔断

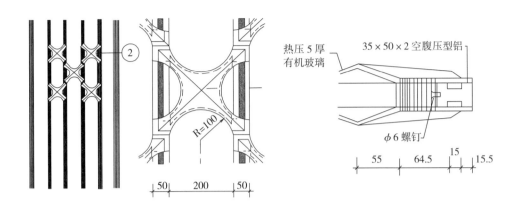

热压 5 厚有机玻璃

35×50×2 空腹压型铝

$\phi 6$ 螺钉

| 55 | 64.5 | 15 | 15.5 |

▲ 铝合金花格有机玻璃空透隔断

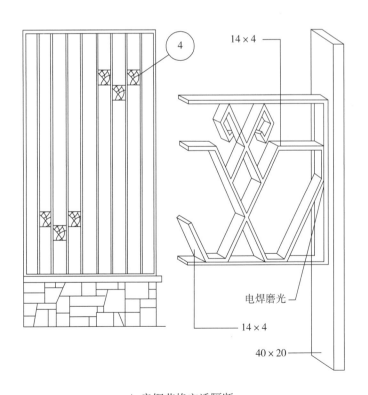

14×4

电焊磨光

14×4

40×20

▲ 扁钢花格空透隔断

（4）玻璃花格隔断

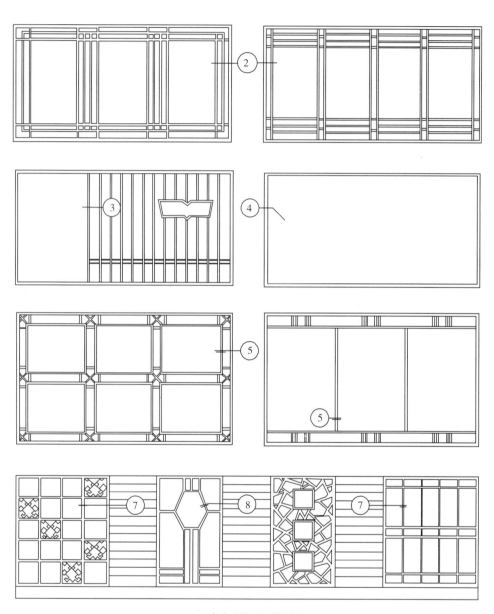

▲ 玻璃花格空透隔断

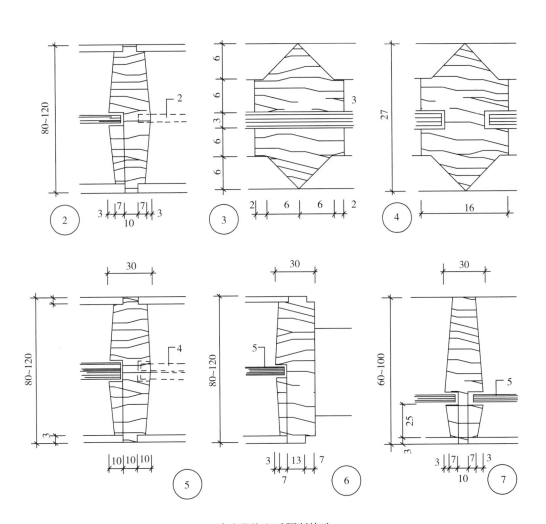

▲ 玻璃花格空透隔断构造

第六节 门窗材料与构造

1. 铝合金门窗

特点：质量轻、强度高，密闭性能好，耐久性好，使用与维修都方便，装饰效果好。

门窗构造节点图

（1）铝合金门

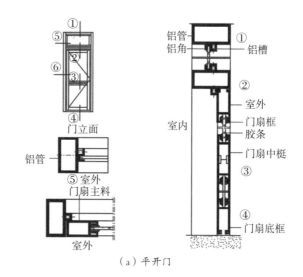

（a）平开门

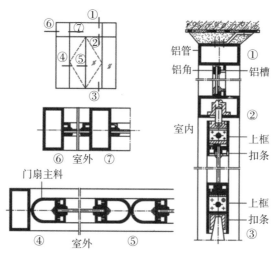

（b）弹簧门

▲ 铝合金平开门、弹簧门构造

（2）铝合金窗

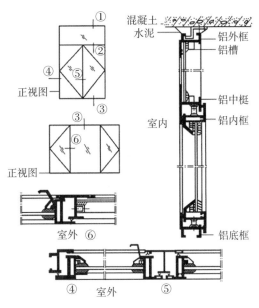

▲铝合金平开窗构造

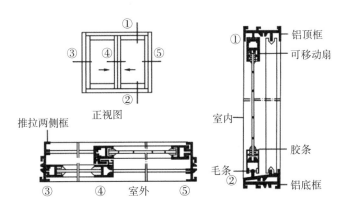

▲ 铝合金水平推拉窗构造

（3）断桥铝合金门窗

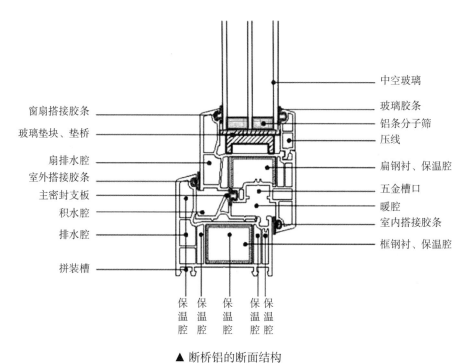

窗扇搭接胶条

玻璃垫块、垫桥

扇排水腔

室外搭接胶条

主密封支板

积水腔

排水腔

拼装槽

中空玻璃

玻璃胶条

铝条分子筛

压线

扁钢衬、保温腔

五金槽口

暖腔

室内搭接胶条

框钢衬、保温腔

保温腔　保温腔　保温腔　保温腔　保温腔

▲ 断桥铝的断面结构

2. 彩板门窗

特点：具有较好的密封性、较高的强度和刚度，具有较高的耐酸、耐碱、耐盐雾的防腐蚀能力。

（1）彩板门

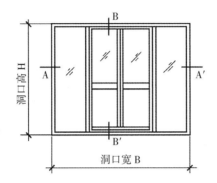

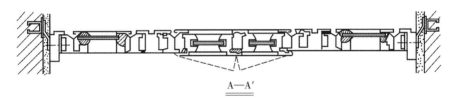

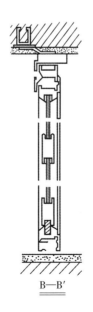

▲ 彩板门（平开、固定组合门）构造节点

（2）彩板钢平开窗

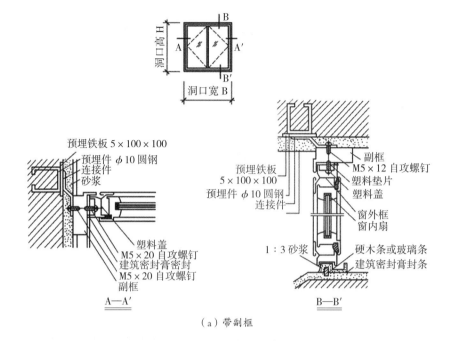

（a）带副框

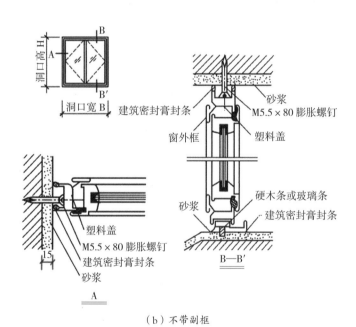

（b）不带副框

▲ 彩板钢平开窗的构造节点

3. 塑钢门窗

特点：成本低，可加工性强，具有良好的隔热性能，传热性能甚小。

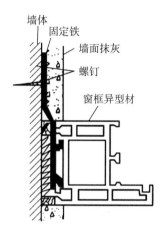

（a）连接件法

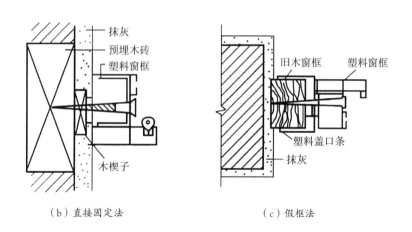

（b）直接固定法　　　　　　（c）假框法

▲ 门窗框与墙体的连接固定构造

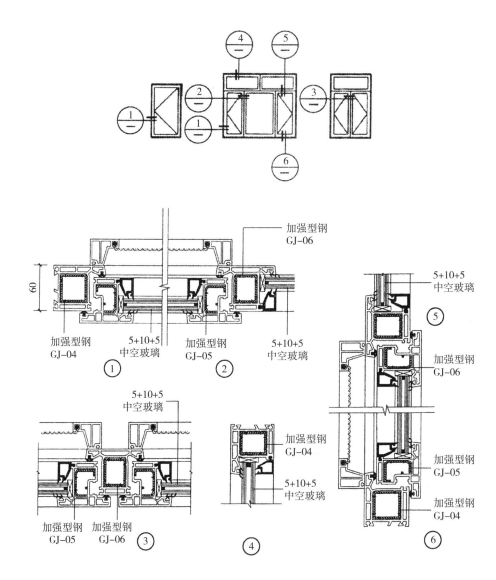

▲ 塑钢窗安装节点构造

4. 全玻门窗

特点：具有抗老化、耐腐蚀、寿命长的特点，而且健康、绿色环保、节能效果显著。

（1）无框全玻门

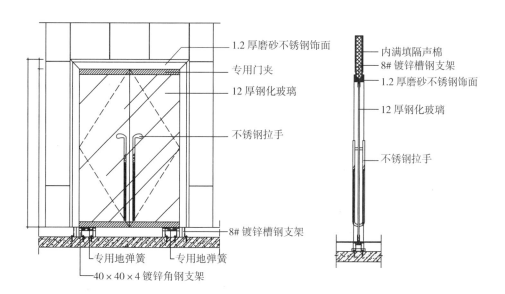

1.2 厚磨砂不锈钢饰面
专用门夹
12 厚钢化玻璃
不锈钢拉手
8# 镀锌槽钢支架
专用地弹簧
专用地弹簧
40×40×4 镀锌角钢支架

内满填隔声棉
8# 镀锌槽钢支架
1.2 厚磨砂不锈钢饰面
12 厚钢化玻璃
不锈钢拉手

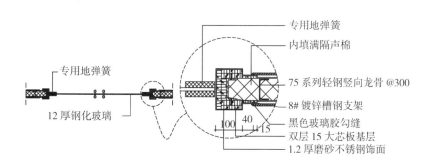

专用地弹簧
内填满隔声棉
75 系列轻钢竖向龙骨 @300
8# 镀锌槽钢支架
黑色玻璃胶勾缝
双层 15 大芯板基层
1.2 厚磨砂不锈钢饰面
专用地弹簧
12 厚钢化玻璃
100　40　15

▲ 无框全玻璃门构造

（2）中空玻璃密闭窗

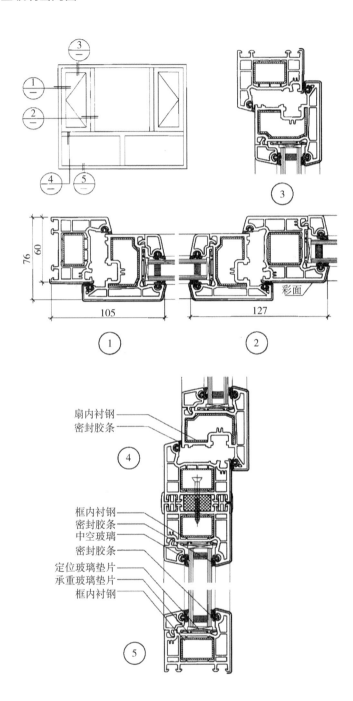

扇内衬钢
密封胶条

框内衬钢
密封胶条
中空玻璃
密封胶条
定位玻璃垫片
承重玻璃垫片
框内衬钢

彩面

▲ 中空玻璃保温窗实例

4

室内造型设计

　　室内界面的装饰设计是室内环境设计的重要组成部分，界面的造型构成了室内环境的基本形态。在进行界面造型设计之前，首先要了解原始建筑结构及其对界面造型的制约，这样才能最大限度地发挥装饰材料的质地优势，提升造型的美感。

第一节 顶部造型设计

1. 平面吊顶

直接利用原有结构层作基层，表面用涂料饰面，既经济又能相对保持室内的净高度。

顶面造型 CAD 案例

（1）直接抹灰吊顶

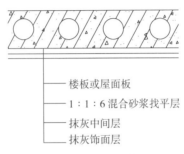

—— 楼板或屋面板
—— 1：1：6 混合砂浆找平层
—— 抹灰中间层
—— 抹灰饰面层

▲ 直接抹灰吊顶构造图

▲ 直接抹灰吊顶实景图

（2）喷刷类吊顶

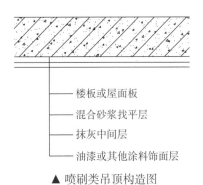

- 楼板或屋面板
- 混合砂浆找平层
- 抹灰中间层
- 油漆或其他涂料饰面层

▲ 喷刷类吊顶构造图

▲ 喷刷类吊顶实景图

（3）直接式装饰板吊顶

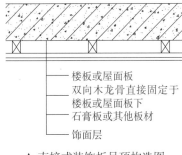

- 楼板或屋面板
- 双向木龙骨直接固定于楼板或屋面板下
- 石膏板或其他板材
- 饰面层

▲ 直接式装饰板吊顶构造图

▲ 直接式装饰板吊顶实景图

2.二次吊顶

二次吊顶是沿墙四周下沉或局部下沉，形成上下层次的转折面，生成一个转折面为二次吊顶，生成两个转折面为三次吊顶，三次以上被称为多次吊顶。

（1）局部下沉的二次吊顶

特点：局部吊顶可以用来隐藏管线，显得顶面干净的同时不会有压迫感，适合层高不高的空间。

适合风格：现代前卫风格、现代简约风格、北欧风格等。

▲局部下沉的二次吊顶实景图

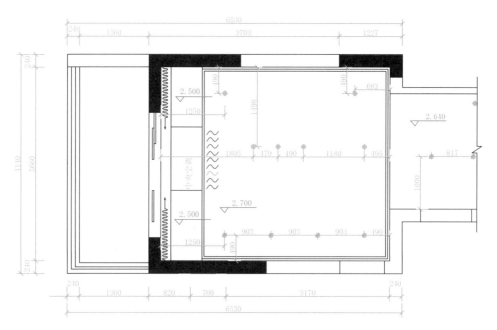

▲局部下沉的二次吊顶平面图

（2）四周下沉的二次吊顶

特点：四周下沉形成简单的层次感，中间顶面可以根据装修风格特点选择样式。适合普通层高的空间。

适合风格：简欧风格、现代美式风格、新中式风格等。

▲ 四周下沉的二次吊顶实景图

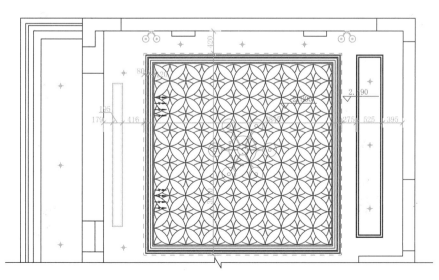

▲ 四周下沉的二次吊顶平面图

（3）四周下沉的三次吊顶

特点：三次吊顶相对二次吊顶更有层次感，装饰效果比较突出。适合空间较大、层高较高的空间。

适合风格：中式古典风格、新中式风格、欧式古典风格、法式风格等。

▲ 四周下沉的三次吊顶实景图

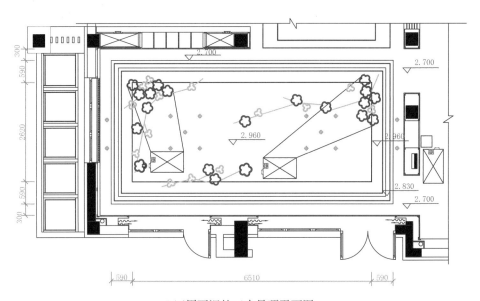

▲四周下沉的三次吊顶平面图

（4）四周下沉的多次吊顶

特点：三层以上的吊顶组合，视觉上更加大气、华丽，适合层高较高的空间。

适合风格：新中式风格、中式古典风格、欧式古典风格、法式宫廷风格、美式乡村风格等。

▲ 四周下沉的多次吊顶实景图

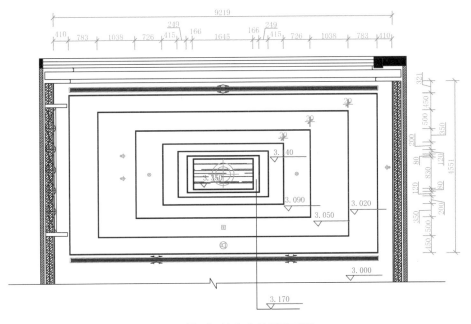

▲四周下沉的多次吊顶平面图

3. 异形吊顶

异形吊顶是在二次吊顶和多次吊顶的基础上，为了使顶部造型更丰富而增设的变异。

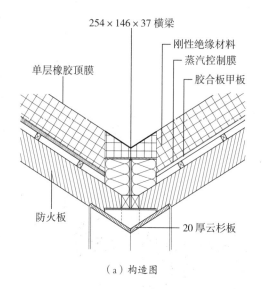

（a）构造图

（b）实景图

▲ 异形吊顶设计方案（一）

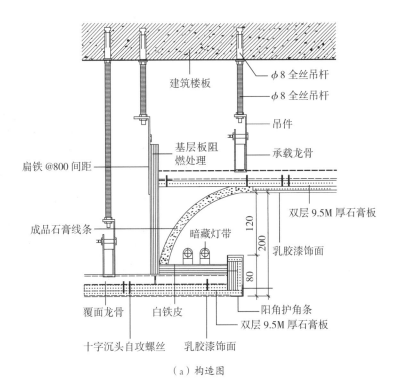

建筑楼板

φ8 全丝吊杆

φ8 全丝吊杆

吊件

基层板阻燃处理

承载龙骨

扁铁 @800 间距

双层 9.5M 厚石膏板

成品石膏线条

暗藏灯带

乳胶漆饰面

120

200

80

覆面龙骨　白铁皮

阳角护角条

双层 9.5M 厚石膏板

十字沉头自攻螺丝

乳胶漆饰面

（a）构造图

（b）实景图

▲ 异形吊顶设计方案（二）

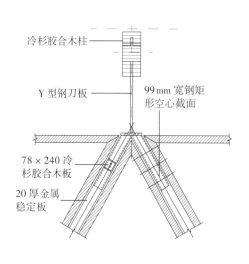

冷杉胶合木柱

Y 型钢刀板

99 mm 宽钢矩形空心截面

78 × 240 冷杉胶合木板

20 厚金属稳定板

（a）构造图

（b）实景图

▲ 异形吊顶设计方案（三）

玻璃纤维增强石膏

二向色性薄膜被磨砂玻璃夹在中间并带有 PVB 层

（a）构造图

（b）实景图

▲ 异形吊顶设计方案（四）

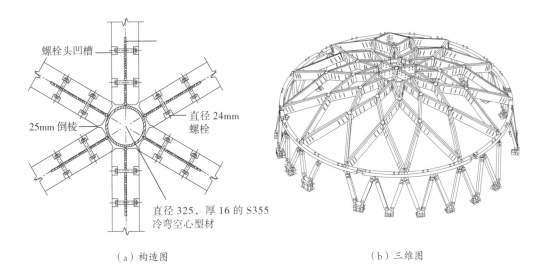

螺栓头凹槽

25mm 倒棱

直径 24mm
螺栓

直径 325，厚 16 的 S355
冷弯空心型材

（a）构造图   （b）三维图

（c）实景图

▲ 异形吊顶设计方案（五）

第二节　墙面造型设计

1. 平面墙造型

平面墙用材用色都不宜过多，想使平面墙有变化可采用墙裙或用装饰线分割的方式。

墙面造型 CAD 案例

（1）装饰线分割墙面

特点：利用简单的线条修饰墙面，就能使墙面具有变化感，如果再搭配装饰画、壁灯等装饰，更能突出装饰效果。

适合风格：简欧风格、北欧风格、现代美式风格等。

▲ 装饰线 + 色漆 + 装饰画修饰墙面实景图

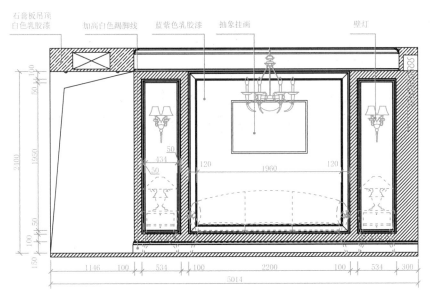

石膏板吊顶
白色乳胶漆
加高白色踢脚线
蓝紫色乳胶漆
抽象挂画
壁灯

▲ 装饰线＋色漆＋装饰画修饰墙面平面图

▲ 装饰线＋装饰画修饰墙面实景图

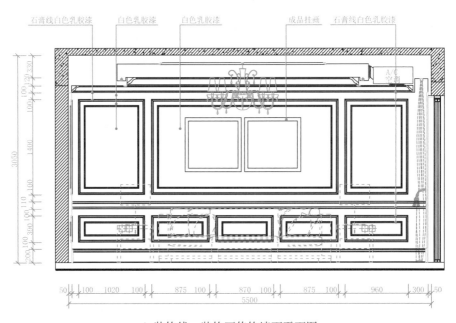

▲ 装饰线＋装饰画修饰墙面平面图

▲ 装饰线＋壁纸＋造型墙饰修饰墙面实景图

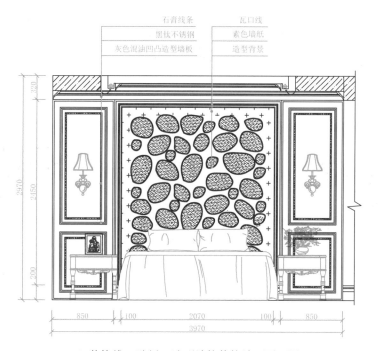

▲ 装饰线＋壁纸＋造型墙饰修饰墙面平面图

（2）木饰面墙面

特点：木材装饰墙面，呈现简约而不简单的风格，适合追求现代简洁感的空间。

适合风格：现代前卫风格、现代简约风格、新中式风格、北欧风格、田园风格、美式乡村风格、欧式古典风格等。

▲ 木饰面＋肌理漆＋壁纸修饰墙面实景图

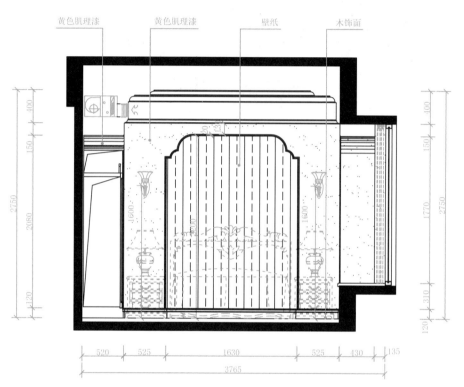

黄色肌理漆　　　黄色肌理漆　　　壁纸　　　木饰面

▲ 木饰面＋肌理漆＋壁纸修饰墙面平面图

▲黑色木饰面＋硬包修饰墙面实景图

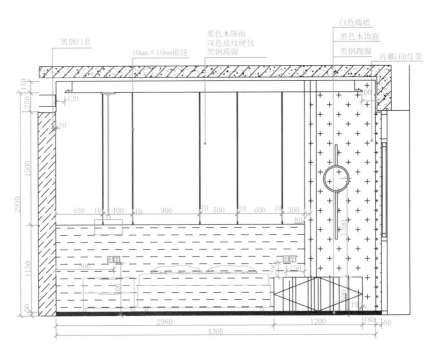

▲黑色木饰面＋硬包修饰墙面平面图

▲木饰面＋金属勾边修饰墙面实景图

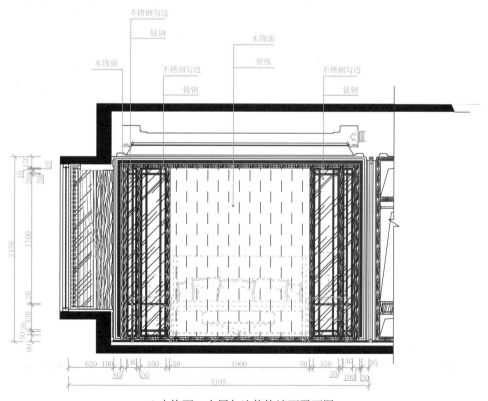

▲木饰面＋金属勾边修饰墙面平面图

（3）石材装饰墙面

特点：石材本身带有光泽感和冷硬感，用在墙面，不论是整体铺装还是局部铺装，都有硬朗、简洁的感觉。

适合风格：现代前卫风格、现代简约风格、新中式风格、北欧风格等。

▲ 石材修饰墙面实景图

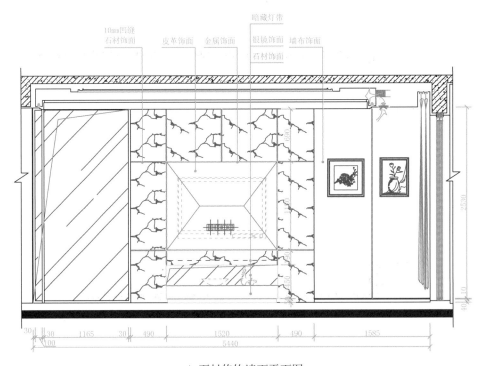

▲ 石材修饰墙面平面图

（4）硬包装饰墙面

特点：硬包是用面料贴在木板上装饰墙面的工艺做法，根据风格不同可以相应选择皮革、布艺等面料。硬包的立体感较强，有比较突出的装饰效果，非常适合用在背景墙上。

适合风格：欧式古典风格、简欧风格、新中式风格等。

▲ 皮革硬包＋金属勾边修饰墙面实景图

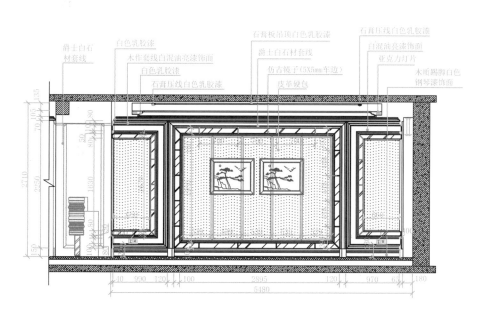

▲ 皮革硬包＋金属勾边修饰墙面平面图

▲ 花纹皮革硬包修饰墙面实景图

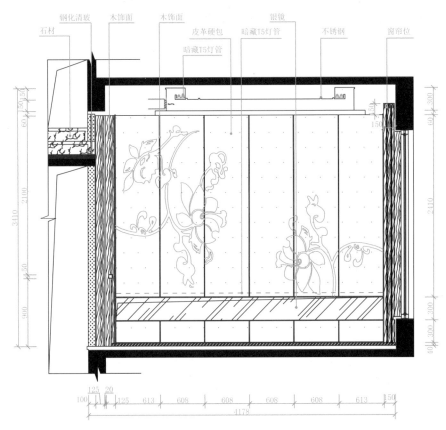

▲ 花纹皮革硬包修饰墙面平面图

▲ 布艺皮革硬包修饰墙面实景图

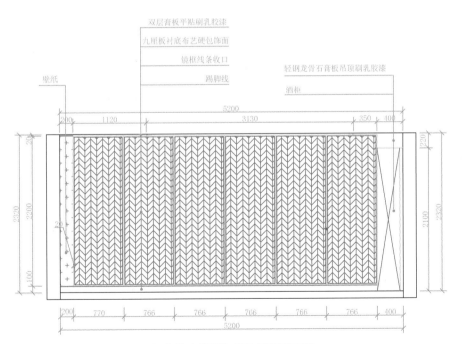

▲ 布艺皮革硬包修饰墙面平面图

（5）壁炉造型墙

特点：将传统壁炉造型融入背景墙中，具有复古韵味。

适合风格：美式乡村风格、现代美式风格、欧式古典风格、简欧风格等。

▲定制壁炉电视背景墙实景图

▲ 定制壁炉电视背景墙平面图

▲壁炉造型电视背景墙实景图

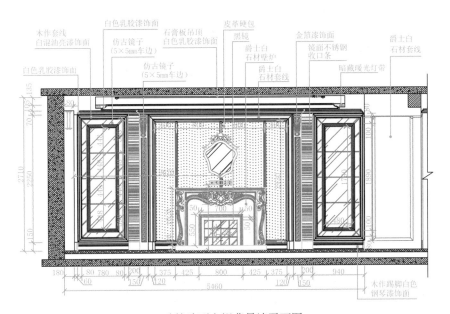

▲ 壁炉造型电视背景墙平面图

（6）柜体墙面

特点：在墙面定制集收纳、座凳功能为一体的柜体，既可以起到装饰作用，又可以节约空间，非常适合面积比较小的空间。

适合风格：现代简约风格、北欧风格、工业风格、地中海风格、日式风格等。

▲多功能背景墙设计方案实景图

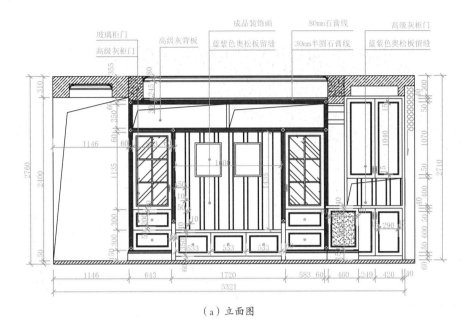

（a）立面图

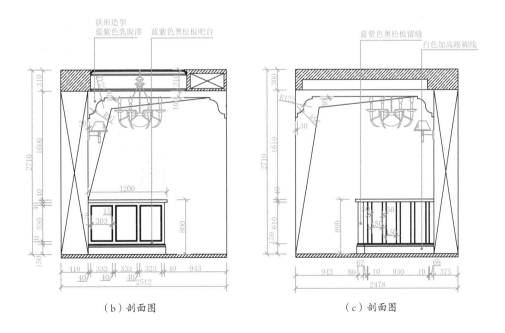

（b）剖面图　　　　　　　　（c）剖面图

▲ 多功能背景墙设计方案

2. 异形墙面造型

异形墙面造型的重点在于减弱异形感带来的不舒适感。

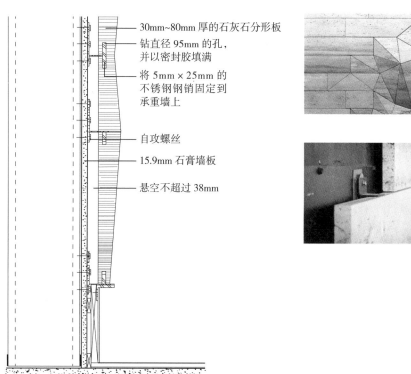

30mm~80mm 厚的石灰石分形板

钻直径 95mm 的孔，
并以密封胶填满

将 5mm × 25mm 的
不锈钢钢销固定到
承重墙上

自攻螺丝

15.9mm 石膏墙板

悬空不超过 38mm

▲ 不规则墙面造型设计形式

▲ 曲面墙面造型设计形式

第三节 地面造型设计

1. 地面拼花造型

地面造型 CAD 案例

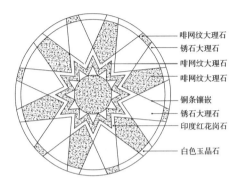

- 啡网纹大理石
- 锈石大理石
- 啡网纹大理石
- 啡网纹大理石
- 铜条镶嵌
- 锈石大理石
- 印度红花岗石
- 白色玉晶石

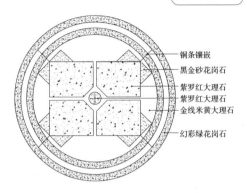

- 铜条镶嵌
- 黑金砂花岗石
- 紫罗红大理石
- 紫罗红大理石
- 金线米黄大理石
- 幻彩绿花岗石

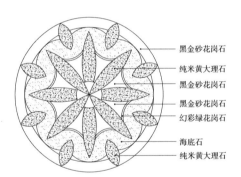

- 黑金砂花岗石
- 纯米黄大理石
- 黑金砂花岗石
- 黑金砂花岗石
- 幻彩绿花岗石
- 海底石
- 纯米黄大理石

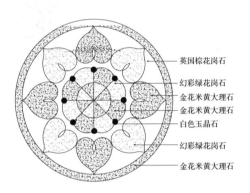

- 英国棕花岗石
- 幻彩绿花岗石
- 金花米黄大理石
- 金花米黄大理石
- 白色玉晶石
- 幻彩绿花岗石
- 金花米黄大理石

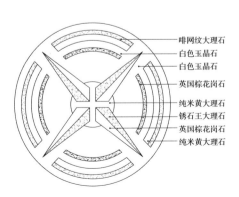

- 啡网纹大理石
- 白色玉晶石
- 白色玉晶石
- 英国棕花岗石
- 纯米黄大理石
- 锈石王大理石
- 英国棕花岗石
- 纯米黄大理石

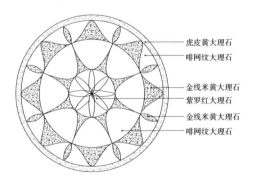

- 虎皮黄大理石
- 啡网纹大理石
- 金线米黄大理石
- 紫罗红大理石
- 金线米黄大理石
- 啡网纹大理石

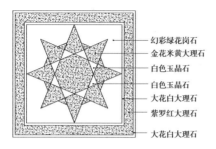

幻彩绿花岗石
金花米黄大理石
白色玉晶石
白色玉晶石
大花白大理石
紫罗红大理石
大花白大理石

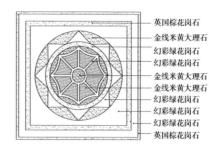

英国棕花岗石
金线米黄大理石
幻彩绿花岗石
幻彩绿花岗石
金线米黄大理石
幻彩绿花岗石
幻彩绿花岗石
幻彩绿花岗石
英国棕花岗石

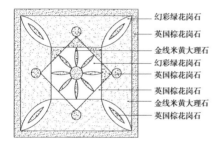

幻彩绿花岗石
英国棕花岗石
金线米黄大理石
幻彩绿花岗石
英国棕花岗石
英国棕花岗石
金线米黄大理石
英国棕花岗石

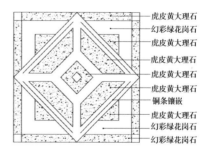

虎皮黄大理石
幻彩绿花岗石
虎皮黄大理石
虎皮黄大理石
虎皮黄大理石
虎皮黄大理石
铜条镶嵌
虎皮黄大理石
幻彩绿花岗石
幻彩绿花岗石

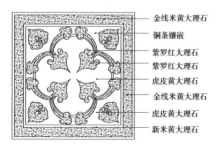

金线米黄大理石
铜条镶嵌
紫罗红大理石
紫罗红大理石
虎皮黄大理石
金线米黄大理石
虎皮黄大理石
新米黄大理石

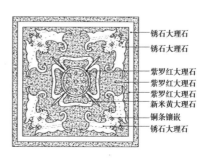

锈石大理石
锈石大理石
紫罗红大理石
紫罗红大理石
紫罗红大理石
新米黄大理石
铜条镶嵌
锈石大理石

纯米黄大理石　　铜条镶嵌　　虎皮黄大理石
杭啡大理石　　　　　　　　　紫罗红大理石

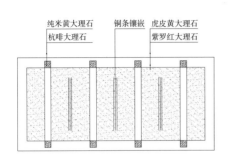

印度红花岗石　　幻彩绿花岗石　　幻彩绿花岗石　　铜条镶嵌
纯米黄大理石　　纯米黄大理石　　印度红花岗石　　纯米黄大理石

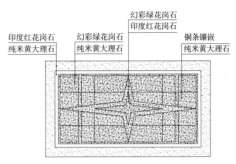

英国棕花岗石　　英国棕花岗石　　海底石
金花米黄大理石　幻彩绿花岗石　　幻彩绿花岗石

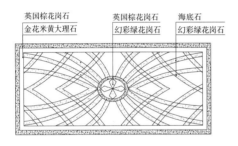

虎皮黄大理石
汉白玉大理石
纯米黄大理石
铜条镶嵌
英国棕花岗石

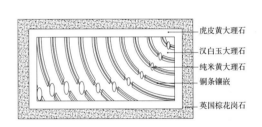

幻彩绿花岗石　　金花米黄大理石　　幻彩绿花岗石
金花米黄大理石　黑金砂花岗石　　　黑金砂花岗石

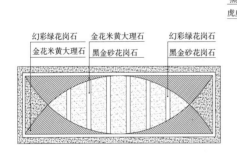

黑金砂花岗石　　锈石大理石　　白色玉晶石　　白色玉晶石
虎皮黄大理石　　白色玉晶石　　虎皮黄大理石　黑金砂花岗石

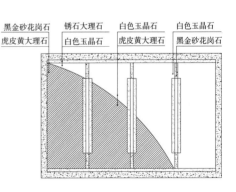

2. 划分性地面

特点：对不同的功能空间，可使用不同的地面材料来达到划分空间的效果，相比隔墙、屏风等方式，此方式在节约空间的同时又不会破坏空间的整体性。常用于小空间、功能无法划分清楚的空间。

（1）不同地面材料组合

特点：针对不同空间使用不同的地面材料，从而达到区分空间的目的，这种方法更容易实行且不会影响空间的通透性。

▲ 不同地面材料组合方案实景图

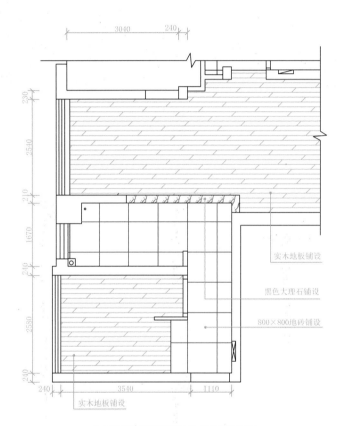

▲ 不同地面材料组合方案平面图

（图中标注文字）

3040 240

230

2540

210

1670

240

2580

240

240 3540 1110

实木地板铺设

黑色大理石铺设

800×800地砖铺设

实木地板铺设

（2）划分组合线

特点：空间地面采用相同的材料铺装，在空间与空间的交界处用其他材料铺设分界线，这样既能区分空间又不会破坏整体性。适合面积较小的空间使用。

▲ 划分组合线实景图

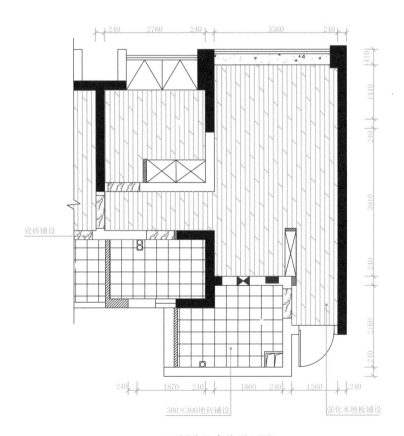

▲ 划分组合线平面图

第五章

室内色彩设计

色彩是室内设计中的重要部分，它能够帮助设计师表达情感、烘托氛围，创造出独具特色的室内设计，也使设计更加贴合居住者的心理需求。

<table>
<tr><td>第一节</td><td># 常见色彩寓意</td></tr>
</table>

1. 黄色

黄色有促进食欲和激发灵感的作用，可以尝试用在餐厅和书房中。黄色作为暗色调的伴色，极具张力，能够使暗色更为醒目。需要注意的是，过大面积地使用鲜艳的黄色，容易给人过于刺激的感觉，可以降低纯度或者缩小使用面积。

CMYK 颜色表

RGB 颜色表

（1）鲜艳的黄色系

华丽	生动
金盏花　　　　　CMYK：C0 M40 Y100 K0	铬黄　　　　　CMYK：C0 M20 Y100 K0

智慧	开放
月亮黄　　　　　CMYK：C0 M0 Y70 K0	鲜黄色　　　　　CMYK：C0 M0 Y100 K0

（2）深暗的黄色系

温厚	田园
黄土色　　　　　CMYK：C0 M35 Y100 K30	卡机色　　　　　CMYK：C0 M30 Y80 K40

（3）浅淡的黄色系

幸福	童话
含羞草、巴黎金合欢　　　CMYK：C10 M15 Y80 K0	淡黄色　　　　　CMYK：C0 M10 Y35 K0

乡土	简朴
芥子　　　　　CMYK：C20 M20 Y70 K0	象牙色　　　　　CMYK：C0 M10 Y20 K0

柔和	闪耀
茉莉　　　　　CMYK：C0 M15 Y60 K0	香槟黄　　　　　CMYK：C0 M0 Y40 K0

2. 红色

红色给人一种激昂感，能够引发兴奋、激动的情绪。在家居设计中，红色的软装适合点缀在不同的装修风格中。无论是红色的家具、布艺或装饰品，都能营造欢快、喜庆的气氛。

（1）鲜艳的红色系

热情		典雅	
品红	CMYK：C15 M100 Y20 K0	玫瑰红	CMYK：C0 M95 Y35 K0

大胆		积极	
洋红	CMYK：C0 M100 Y60 K10	朱红	CMYK：C0 M85 Y85 K0

富贵		生命力	
宝石红	CMYK：C20 M100 Y50 K0	绛红	CMYK：C0 M100 Y100 K0

（2）深暗的红色系

华丽		威严	
深红	CMYK：C0 M100 Y100 K10	绯红	CMYK：C0 M100 Y65 K40

充实	
酒红	CMYK：C60 M100 Y80 K30

（3）浅淡的粉色系

女人味		娇媚	
玫瑰粉	CMYK：C0 M60 Y20 K0	浓粉	CMYK：C0 M55 Y30 K0

优美		温顺	
紫红色	CMYK：C10 M50 Y0 K0	珊瑚粉	CMYK：C0 M50 Y25 K0

可爱		雅致	
火烈鸟	CMYK：C0 M40 Y20 K10	淡粉	CMYK：C0 M30 Y10 K0

纯真		美丽动人	
贝壳粉	CMYK：C0 M30 Y10 K0	婴儿粉	CMYK：C0 M15 Y10 K0

有趣		柔软	
鲑鱼粉	CMYK：C0 M50 Y40 K0	土红	CMYK：C15 M60 Y30 K15

3. 蓝色

纯净的蓝色表现出美丽、冷静、理智、安详与宽广之感，适合用在卧室、书房、工作间和感觉压力大的人的房间中。在使用时，可以搭配少量跳跃的色彩，避免产生过于冷清的氛围。蓝色是后退色，能够使房间显得更为宽敞，小房间和狭窄的房间使用蓝色能够弱化户型的缺陷。

（1）浅淡的蓝色系

澄澈		平衡	
浅灰蓝色	CMYK：C40 M0 Y10 K0	翠蓝	CMYK：C80 M10 Y20 K0

正义		洗练	
水蓝色	CMYK：C60 M0 Y10 K0	鼠尾草	CMYK：C70 M50 Y10 K0

干净		生命力	
蔚蓝	CMYK：C70 M10 Y0 K0	韦奇伍德蓝	CMYK：C55 M30 Y0 K25

幻想	
淡蓝	CMYK：C30 M0 Y10 K10

（2）复古的深蓝色系

睿智		镇静	
青金石色	CMYK：C95 M80 Y0 K0	钴蓝	CMYK：C95 M60 Y0 K0

认真		时尚	
石青	CMYK：C100 M70 Y40 K0	海蓝	CMYK：C100 M60 Y30 K35

清晰		传统	
蓝绿	CMYK：C95 M25 Y45 K0	深蓝	CMYK：C100 M95 Y50 K50

冷静	
天蓝	CMYK：C100 M35 Y10 K0

4. 橙色

橙色用在采光差的空间能够弥补光照的不足，但应尽量避免在卧室和书房中过多地使用纯正的橙色，否则会使人感觉过于刺激，建议降低纯度和明度后使用。橙色稍稍混入黑色或白色，会变成一种稳重、含蓄又明快的暖色，橙色中加入较多的白色会带来一种甜腻的感觉。

（1）浅淡的橙色系

轻快		纯朴	
蜂蜜色	CMYK：C0 M30 Y60 K0	浅茶色	CMYK：C0 M15 Y30 K15

无邪		温和	
杏黄色	CMYK：C10 M40 Y60 K0	浅土色	CMYK：C20 M30 Y45

天真		自然	
伪装沙	CMYK：C0 M15 Y15 K10	驼色	CMYK：C10 M40 Y60 K30

（2）鲜艳的橙色系

生气勃勃		丰收	
橙色	CMYK：C0 M80 Y90 K0	太阳橙	CMYK：C0 M55 Y100 K0

开朗		幻想	
柿子色	CMYK：C0 M70 Y75 K0	热带橙	CMYK：C0 M50 Y80 K0

美好	
橘黄色	CMYK：C0 M70 Y100 K0

5. 绿色

绿色是介于黄色与蓝色之间的复合色，是大自然中常见的颜色。绿色属于中性色，它代表着希望、安全、平静、舒适、和平、自然、生机，能够使人感到轻松、安宁。绿色具有稳定情绪的作用。它和蓝色一样具有视觉收缩的效果，在房间里不会产生压迫感。

（1）低纯度的绿色系

自由		柔和	
黄绿色	CMYK：C30 M0 Y100 K0	草绿色	CMYK：C40 M10 Y70 K0

新鲜		威严	
苹果绿	CMYK：C45 M10 Y100 K0	苔绿色	CMYK：C25 M15 Y75 K45

快乐		诚意	
嫩绿	CMYK：C40 M0 Y70 K0	橄榄绿	CMYK：C45 M40 Y100 K50

成长		安心	
叶绿色	CMYK：C50 M20 Y75 K10	常青藤色	CMYK：C70 M20 Y70 K30

（2）高纯度的绿色系

自然		和平	
铬绿	CMYK：C60 M0 Y45 K0	孔雀石绿	CMYK：C85 M15 Y80 K10

希望		痛快	
翡翠绿	CMYK：C75 M0 Y75 K0	薄荷	CMYK：C90 M30 Y80 K50

协调		温情	
碧绿	CMYK：C70 M10 Y50 K0	鳄色	CMYK：C90 M35 Y70 K30

潇洒		尊贵	
灰绿	CMYK：C55 M10 Y45 K10	孔雀绿	CMYK：C100 M30 Y60 K0

6. 紫色

在中国古代，紫色代表着高贵，是贵族才能使用的颜色。浅淡的紫色还是浪漫的象征，淡雅的丁香色、薰衣草色等可用来表现单身女性的空间。沉稳的紫色能够促进睡眠，适合用在卧室中。

（1）浅淡的紫色系

风雅		温和	
紫藤	CMYK：C60 M65 Y0 K10	兰花色	CMYK：C0 M50 Y0 K40

清香		萌芽	
丁香色	CMYK：C30 M40 Y0 K0	浅莲灰	CMYK：C0 M10 Y0 K10

品格		甜美	
薰衣草色	CMYK：C40 M50 Y10 K0	锦葵色	CMYK：C15 M70 Y0 K0

怀旧		安心	
紫罗兰色	CMYK：C20 M30 Y10 K10	灰紫	CMYK：C25 M35 Y10 K30

（2）鲜艳的紫色系

风雅		神圣	
紫藤色	CMYK：C72 M78 Y0 K10	紫色	CMYK：C50 M85 Y0 K0

直觉		高雅	
淡紫色	CMYK：C60 M75 Y0 K0	香水草色	CMYK：C65 M100 Y20 K10

神秘		思虑	
紫水晶色	CMYK：C60 M80 Y20 K0	三色堇	CMYK：C35 M100 Y10 K30

7. 黑、白、灰色

　　黑、白、灰色没有明显的色彩感，单独使用会显得单调乏味。一般会同时采用两种以上的色彩作为软装的主色调。黑色是明度最低的色彩，用在居室中，给人稳定、庄重的感觉；白色是明度最高的色彩，用来装饰空间，能营造出简约、安静的氛围；灰色具有沉稳、考究的装饰效果，作为软装主色使用，是一种不会过时的颜色。

（1）白色系列

纯净	净白色	CMYK：C0 M0 Y0 K0
清雅	乳白色	CMYK：C22 M22 Y29 K10
幽静	古瓷白色	CMYK：C5 M4 Y9 K0
温柔	象牙白色	CMYK：C7 M9 Y16 K0
宁静	灰白	CMYK：C18 M15 Y25 K0
平和	竞白色	CMYK：C21 M13 Y16 K0

（2）灰色系列

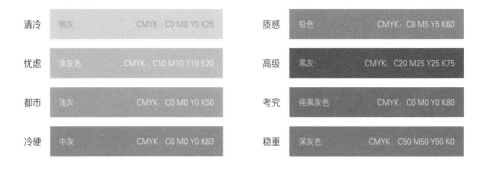

清冷	银灰	CMYK：C0 M0 Y0 K25
质感	铅色	CMYK：C8 M5 Y5 K60
忧虑	淡灰色	CMYK：C10 M10 Y10 K20
高级	黑灰	CMYK：C20 M25 Y25 K75
都市	浅灰	CMYK：C0 M0 Y0 K50
考究	纯黑灰色	CMYK：C0 M0 Y0 K80
冷硬	中灰	CMYK：C0 M0 Y0 K63
稳重	深灰色	CMYK：C50 M50 Y50 K0

（3）黑色系列

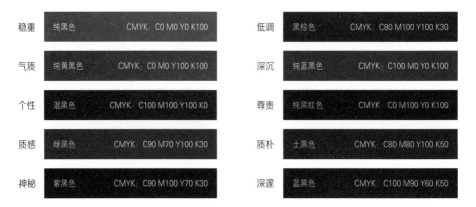

稳重	纯黑色	CMYK：C0 M0 Y0 K100
低调	黑棕色	CMYK：C80 M100 Y100 K30
气质	纯黄黑色	CMYK：C0 M0 Y100 K100
深沉	纯蓝黑色	CMYK：C100 M0 Y0 K100
个性	混黑色	CMYK：C100 M100 Y100 K0
尊贵	纯黑红色	CMYK：C0 M100 Y0 K100
质感	绿黑色	CMYK：C90 M70 Y100 K30
质朴	土黑色	CMYK：C80 M80 Y100 K50
神秘	紫黑色	CMYK：C90 M100 Y70 K30
深邃	蓝黑色	CMYK：C100 M90 Y60 K50

8. 金色、银色

金色是一种辉煌的光泽色，有着极其醒目的绚烂感，适用于采光不佳的空间。

银色气质冷艳，极具未来感，可以给压力繁重、心浮气躁的现代人带来些许放飞自我的轻松气息。

（1）金色

古典		华丽	
防青金色	CMYK：C22 M30 Y75 K8	金光色	CMYK：C18 M45 Y84 K0

奢华		耀眼	
雾金色	CMYK：C4 M18 Y47 K0	金黄色	CMYK：C26 M50 Y95 K0

璀璨		灿烂	
潽金色	CMYK：C5 M29 Y64 K0	古金黄色	CMYK：C10 M39 Y93 K0

（2）银色

深沉		质感	
银丝色	CMYK：C55 M48 Y41 K0	水银色	CMYK：C31 M19 Y24 K0

考究		深密	
拉丝银色	CMYK：C60 M53 Y51 K0	银灰	CMYK：C56 M47 Y37 K0

第二节 空间配色印象

1.冷硬的都市色彩印象

　　都市中以人造建筑为主，会形成人工、刻板的印象。因此，无彩色中的黑色、灰色、银色等色彩与低纯度的冷色搭配，最能够表现出带有都市色彩的家居配色。若在以上任意组合中添加茶色系，则能增加浓重、时尚的感觉，可以表现出高质量生活的氛围。

　　不适宜大面积使用高纯度色彩：营造的都市气息家居环境常依赖无彩色，如黑色、灰色、白色等，其中灰色可带有彩色倾向，例如蓝灰、紫灰等。但是都市气息的居室不适宜用大面积的高纯度彩色系来装饰，这会破坏空间的都市气息。

都市印象配色卡

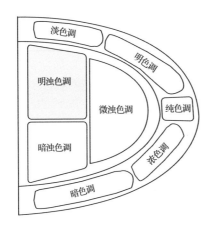
以素雅、内敛的明浊色调为主

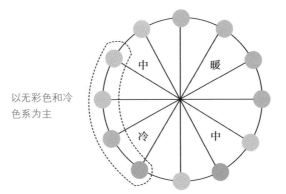
以无彩色和冷色系为主

无彩色组合

明度接近白色的淡色调蓝色，最能传达出清凉与爽快的清新感，非常适合小户型。

茶色点缀

无彩色奠定高档感，搭配具有一定温暖感的茶色，能营造出高品位的都市氛围。

灰蓝色点缀

灰蓝色展现睿智、洒脱感的同时，也传达出都市生活高效、有序的氛围。

2. 自然悠闲的色彩印象

源于自然界的配色最具自然性，以绿色为最，其次为栗色、棕色、浅茶色等大地色系。其中浊色调的绿色无论是组合白色、粉色还是红色，都具有自然感，而自然韵味最浓郁的配色是用绿色组合大地色系。

有些情况不适合大量运用冷色系及艳丽的暖色系，例如，绿色墙面搭配高纯度的红色或橙色家具，会令家居环境完全失去自然韵味。但是这些亮色可以小范围地运用在饰品上，而不会影响整体家居的氛围。

自然悠闲印象配色卡

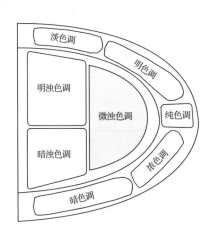

以微浊色调为中心，表达自然色彩的温和感

以棕色、绿色、黄色为主

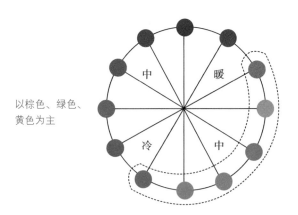

茶色点缀

绿色是最具代表性的自然色彩，能营造出希望、欣欣向荣的氛围，加入大地色调节，自然韵味更浓。

大地色系

采用大地色系内不同明度的变化形成的层次感进行配色调节，令空间显得质朴，却不厚重。

3. 休闲活力的色彩印象

具有活力感的配色，主要依靠高纯度的暖色作为主色来塑造，搭配白色、冷色或中性色，能够使活泼的感觉更强烈。另外，暖色的色调很关键，即使是同一组色的组合，改变色调也会改变氛围，活泼感需要高纯度的色调。若有冷色组合，冷色的色调越纯，效果越强烈。

避免冷色系或暗沉的暖色系为主色，活力氛围主要依靠明亮的暖色相为主色来营造，加入冷色系做调节可以提升配色的张力。若以冷色或者暗沉的暖色系为主色，则会失去活力的氛围。

休闲活力印象配色卡

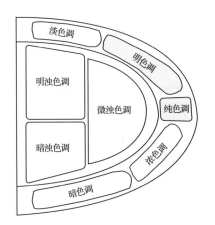

以鲜艳、明亮的明色调和纯色调为主，传达出休闲生活的愉悦与活力

以暖色为中心

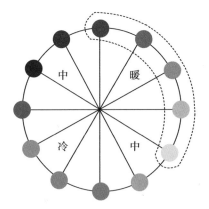

单暖色 + 白色

　　白色明度最高，用其搭配任意一种高纯度暖色，都能通过明快的对比，强化暖色的活泼感。

暖色组合

　　用高纯度暖色系中的两种或三种色彩进行组合，能够塑造出最具活力感的配色印象。

对比色

　　以高纯度的暖色为主角色，搭配对比或互补色，例如红与绿、红与蓝、黄与蓝等，效果非常明显。

4. 清新柔和的色彩印象

　　欲表现具有清新感的居室，宜采用淡蓝色或淡绿色为配色主体。低对比度融合性配色，是清新型配色的最显著特点。另外，无论是蓝色，还是绿色，单独使用时，都建议与白色组合，白色可做背景色，也可做主角色，能够使清新感更强烈。

　　避免暖色调用作背景色和主角色：尽量避免将暖色调作为背景色和主角色使用，如果暖色占据主要位置，则会失去清爽感。暖色调可以作为点缀色使用，如以花卉的形式表现，弱化冷色调空间的冷硬感。

清新柔和印象配色卡

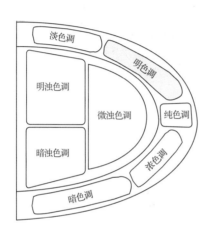

以明色调为主的色调区域，传达出轻柔、清新的感觉

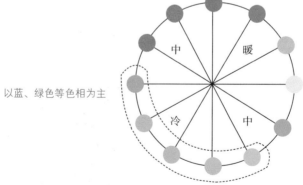

以蓝、绿色等色相为主

高明度蓝色

明度接近白色的淡色调蓝色，最能传达出清凉与爽快的清新感，非常适合小户型。

绿色系

中性色的淡绿色或淡浊绿色，清新中带有自然感，令家居环境更为惬意。

蓝色 + 绿色

选择一种色彩为高明度的淡色调，另一种纯度稍微高些，此配色比同时使用淡色调或明浊色调的搭配方式更显层次丰富。

5. 浪漫甜美的色彩印象

表现浪漫的配色印象，需要采用明亮的色调营造梦幻、甜美的感觉，例如粉色、紫色、蓝色等。另外，如果用多种色彩组合表现浪漫感，最安全的做法是用白色做背景色，也可以根据喜好选择其中的一种做背景色，其他色彩有主次地分布。

避免纯色调＋暗色调／冷色调组合：浪漫型的居室较适合明亮的色相，可以利用其中的 2 到 3 种搭配；但如果使用纯色调＋暗色调／冷色调的色彩互相搭配，则无法产生浪漫的效果。

浪漫甜美印象配色卡

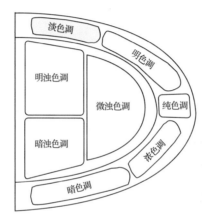

以最明亮的淡色调为主

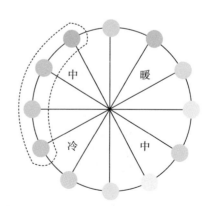

以紫红、紫色、蓝色等色相为主

粉色系

明亮或柔和的粉色皆可作为背景色，浪漫氛围最强烈。粉色搭配黄色则更甜美，搭配蓝色更纯真，搭配白色会显得很干净。

紫色系

淡雅的紫色既有浪漫感，又有高雅感；还可以在紫色系中加入粉色与蓝色，这样的色彩最能表达出浪漫的家居印象。

6. 温馨和睦的色彩印象

具有温馨感的配色印象，主要依靠明亮的暖色作为主色来塑造，常见的色彩有黄色系、橙色系，这类色彩最趋近于阳光的感觉，可以为居室营造出暖意洋洋的氛围。在色调上，纯色调、明色调、微浊色调的暖色系均适用。

避免冷色调占据过大面积：暖色调使人感觉温暖，冷色系使人感觉凉爽、冷硬。塑造具有温暖气氛的居室，应以暖色调为背景色及主色，而避免冷色调占据过大面积，使空间失去温暖感。另外，无彩色中的黑色、灰色、银色也应尽量减少使用。

温馨和睦印象配色卡

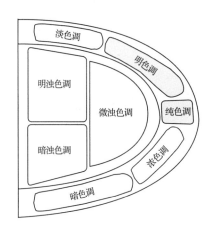

以明色调、纯色调等
具有暖意的色调为主

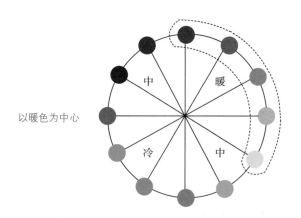

以暖色为中心

黄色系 / 橙色系

　　黄色系和橙色系是最经典的温馨感配色，若不喜欢过于明亮的黄色，可加入少量白色调剂。

木色系

　　大量使用浅木色，可以更好地体现温馨的空间印象；深木色可作为调剂，丰富空间层次。

7. 传统厚重的色彩印象

厚重的配色印象主要依靠暗、浊色调的暖色及黑色来体现，配色采用近似色调，用明浊色调的色彩作为背景色，可以调节效果，避免过于沉闷。

尽量避免使用高浓度暖色：暗浊色调的暖色具有厚重感，可以少量地使用高纯度暖色做点缀，但面积不宜过大。尽量不要选择高浓度暖色作为主角色或配角色，如红色、紫红色、金黄色等，此类色调具有华丽感，很容易改变厚重的印象。

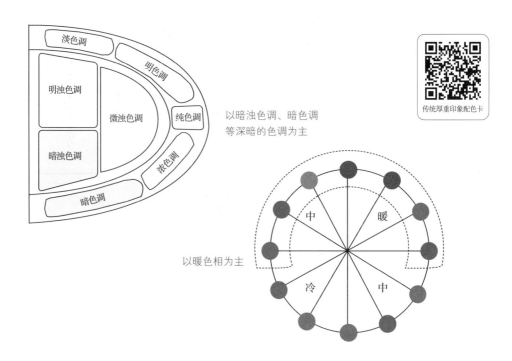

以暗浊色调、暗色调等深暗的色调为主

以暖色相为主

传统厚重印象配色卡

暗暖色

以暗浊色调及暗色调的咖啡色、巧克力色、暗橙色、绛红色等为主色，塑造兼具传统韵味的厚重型家居。

中性色点缀

以暗色调或浊色调暖色系为配色中心，加入暗紫色、深绿色等与主色为近似色调的中性色，塑造出具有格调感的厚重色彩印象。

6

第六章

室内光环境设计

在室内设计中，光不仅满足了人们视觉功能的需要，而且是一个重要的美学元素。光可以形成空间，改变空间或者破坏空间，它直接影响到人对物体大小、形状、质地和色彩的感知。因此，室内照明是室内设计的重要组成部分之一，在设计之初就应该加以考虑。

灯具素材

第一节　室内灯具配置

1. 灯具类型

　　室内空间通过不同类型的灯具提高光的利用率，避免眩光以及丰富室内空间光的气氛。

（1）嵌入式灯具

　　特点：可与吊顶系统组合在一起，眩光可控制、光利用率比吸顶式低、顶棚与灯具的亮度对比大、费用高。

　　适用场所：适用于低顶棚但要求眩光小的照明场所。

/ 射灯 /

墙面固定射灯

◎ 用支架固定在墙面上，有新颖的外观设计

◎ 照明可移动，指向性强，照明亮度高

◎ 多设计在后现代等设计创新且时尚的空间中

轨道式射灯

◎ 射灯可在滑轨上移动到任意位置，有较高的灵活性

◎ 定向照明效果好，有明显的光斑区域

◎ 多设计在店铺等商业场所中

嵌入式射灯

◎ 射灯安装后与吊顶持平，不占用空间

◎ 照明有多种光斑效果可选择，光影变化丰富

◎ 多设计在石膏板吊顶的内侧

/ 筒灯 /

圆柱外露型筒灯

◎ 造型圆润，有较强的装饰性

◎ 照明集中，亮度高，光色白亮

◎ 多设计在层高较高的空间中

方柱体筒灯

◎ 黑色塑料外观时尚新颖，重量轻

◎ 照明区域广、范围大，可代替主灯

◎ 多设计在商业空间中

内嵌式筒灯

◎ 造型简洁，尺寸多样

◎ 照明的覆盖面大，但亮度偏低

◎ 广泛地设计在各种风格、各种空间中

奢华雕花筒灯

◎ 用支架固定在墙面上，有新颖的外观设计

◎ 照明可移动，指向性强，照明亮度高

◎ 多设计在后现代等设计创新且时尚的空间中

（2）吸顶式灯具

特点：顶棚较亮、房间明亮、眩光可控制、光利用率高、易于安装和维护、费用低。

适用场所：适用于低顶棚照明场所。

柔光环形吸顶灯

◎ 有圆环、方形环等多种设计样式

◎ 有环绕的柔和光感，温馨静谧

◎ 多设计在简约、北欧等风格中

几何拼接吸顶灯

◎ 富有设计感、时尚感，品质坚固耐用

◎ 定向照明好，亮度高

◎ 多设计在新中式、北欧等风格中

金框超薄吸顶灯

◎ 节省空间，几乎与吊顶处在同一平面

◎ 照明的覆盖面广，亮度高，磨砂灯罩不刺眼

◎ 多设计在北欧、简约等风格中

荧光长条吸顶灯

◎ 造型极简，不突出，但细节精致

◎ 暖光、冷光可任意调节

◎ 多设计在简约、现代等风格中

仿物吸顶灯

◎ 外框采用金属或木材制作，有较高的稳固性

◎ 照明亮度充分，可局部照明，也可大面积照明

◎ 多设计在北欧、简约等风格中

雕花吸顶灯

◎ 高贵奢华，装饰效果出色

◎ 集中照明效果好，适合作为客厅的主灯

◎ 多设计在欧式、法式等风格中

仿古吸顶灯

◎ 实木雕刻有精致的中式图案，有高贵的
效果与精致的细节设计

◎ 照明面积大、强度高、覆盖面广

◎ 多设计在中式、新中式等风格中

彩绘玻璃吸顶灯

◎ 色彩艳丽，搭配方式多样，装饰性强

◎ 灯光照明绚丽，光晕丰富

◎ 多设计在地中海、田园等风格中

（3）悬吊式灯具

特点：光利用率高、易于安装和维护、费用低，顶棚有时出现暗区。

适用场所：适用于顶棚较高的照明场所。

仿烛台吊灯

◎ 造型样式像蜡烛，烛芯则由 LED 灯设计而成

◎ 照明的光亮程度取决于蜡烛造型的数量

◎ 多设计在美式、欧式以及北欧等风格中

几何形体吊灯

◎ 仿照正方形、三角形以及梯形等造型设计而成

◎ 照明不受阻碍，光照面积大

◎ 多设计在现代、后现代等风格中

中式宫灯吊灯

◎ 以现代设计手法，重新构造了宫灯的设计样式

◎ 光照柔和舒适，照明面积大

◎ 多设计在中式、新中式等风格中

仿鹿角吊灯

◎ 设计灵感由欧式墙面鹿角装饰而来，造型新颖别致

◎ 向上的照明效果佳，底部会有小面积的阴影区

◎ 多设计在美式、北欧等风格中

仿鸟笼吊灯

◎ 外形是铁艺或实木编制的鸟笼样式

◎ 照明的通透性较差，适合小面积的照明

◎ 多设计在中式、新中式等风格中

（4）壁式灯具

特点：照亮壁面、易于安装和维护、安装高度低、易形成眩光。

适用场所：适用于装饰照明兼作加强照明和辅助照明作用。

雕花壁灯

◎ 金属雕花效果奢华、精致高贵

◎ 向下照明亮度强，向上则有微弱的光斑

◎ 多设计在欧式、法式等风格中

复古造型壁灯

◎ 仿照手提铁艺灯设计而成，有可活动的连接点

◎ 照明亮度强，中间光照略刺眼

◎ 多设计在美式、欧式等风格中

麋鹿装饰壁灯

◎ 造型逼真，与墙面的融入感强

◎ 照明有绚烂的光斑效果

◎ 多设计在欧式、法式等风格中

创意壁灯

◎ 木材表面可定制多种装饰图案

◎ 照明范围小，灯光微弱，装饰性强

◎ 多设计在北欧、简约等风格中

藤编造型壁灯

◎ 有藤艺编织与木片编织两种，造型富有创意与自然感

◎ 照明的光影变化丰富

◎ 多设计在东南亚、北欧等风格中

纸质壁灯

◎ 纸质表面可选花鸟鱼虫等图案，有多样的设计效果

◎ 光感柔和，光圈范围小，照明无死角

◎ 多设计在中式、新中式等风格中

工业造型壁灯

◎ 具有现代感、时尚感，运用的材料新颖、有创意

◎ 照明亮度高，有较大的照射范围

◎ 多设计在现代、工业等风格中

（5）移动灯具

特点：可以随意移动位置，局部照亮环境，可轻易营造氛围。

适用场所：适用于装饰照明和局部照明。

/ 台灯 /

布艺台灯

◎ 样式简洁不花哨，易于搭配客厅的沙发、窗帘等软装

◎ 光感柔和微弱，适合局部照明

◎ 多设计在东南亚、美式乡村等风格中

彩釉陶瓷台灯

◎ 色彩丰富，样式高贵奢华，有出色的装饰效果

◎ 横向照明柔和，纵向照明有光斑

◎ 多设计在法式、中式等风格中

玻璃台灯

◎ 玻璃可以做灯罩、灯柱以及底座，实用性高

◎ 照明的延伸性好，覆盖面积大

◎ 多设计在北欧、现代等风格中

金属框架台灯

◎ 质量坚固，不易变形，造型多样

◎ 照明亮度不受金属框架影响

◎ 多设计在现代、简约等风格中

大理石台灯

◎ 设计效果高贵奢华，稳固度高

◎ 照明亮度强，在大理石上有投射，光影精致

◎ 多设计在现代、北欧等风格中

/ 落地灯 /

复古造型落地灯

◎ 样式仿古，金属表面有大量的雕花造型

◎ 照明亮度强，一定程度上代替了主灯的功能

◎ 多设计在美式乡村、地中海等风格中

多级调节落地灯

◎ 多个节点可调节灯具的高度，自由度高

◎ 照明方向可随意变动

◎ 多设计在现代、工业以及简约等风格中

雕花屏风落地灯

◎ 既可作为屏风使用，又具有落地灯的实用功能

◎ 照明无死角，光照亮度足、面积大

◎ 多设计在中式、新中式等风格中

藤编造型落地灯

◎ 重量轻，藤编造型富有创意，具有自然感

◎ 照明有斑驳变化的光影

◎ 多设计在东南亚、田园等风格中

雕花造型落地灯

◎ 有金属雕花、实木雕花等样式，装饰效果精致、丰富

◎ 照明光感温馨，上下照明有光斑

◎ 多设计在欧式、中式以及法式等风格中

弧形不锈钢落地灯

◎ 优美的弧度造型，扩大了灯具的使用面积

◎ 照明的指向性明确，集中照明效果出色

◎ 多设计在现代、简约以及工业等风格中

2. 灯具悬挂高度

灯具悬挂过高会使受照面的照度降低，浪费电能也不利于维护；悬挂过低则不安全。

灯具布置其他计算公式

照明器的形式	漫射罩	灯泡	保护角	最低悬挂高度（m）			
				灯泡功率（W）			
				≤ 100	150~200	300~500	> 500
带反射罩的集照型灯具	无	透明	10°~30°	2.5	3.0	3.5	4.0
			> 30°	2.0	2.5	3.0	3.5
		磨砂	10°~90°	2.0	2.5	3.0	3.5
	在0°~90°区域内为磨砂玻璃	任意	< 20°	2.5	3.0	3.5	4.0
			> 20°	2.0	2.5	3.0	3.5
	在0°~90°区域内为乳白玻璃	任意	≤ 20°	2.0	2.5	3.0	3.5
			> 20°	2.0	2.0	2.5	3.0
带反射罩的泛照型灯具	无	透明	任意	4.0	4.5	5.0	6.0
带漫射罩的灯具	在0°~90°区域内为乳白玻璃	任意	任意	2.0	2.5	3.0	3.5
	在40°~90°区域内为乳白玻璃	透明	任意	2.5	3.0	3.5	4.0
	在60°~90°区域内为乳白玻璃	—	任意	3.0	3.0	3.5	4.0
	在0°~90°区域内为磨砂玻璃	任意	任意	3.0	3.5	4.0	4.5
裸灯	无	磨砂	任意	3.5	4.0	4.5	6.0

第二节 照明布局方式

1. 直接照明

直接照明是光线通过灯具射出，这种照明方式具有强烈的明暗对比。

灯光的类别

光直接往下照，容易产生阴影，光量大，适合局部照明

容易产生阴影，光量大，适合局部照明

装在天花板与墙壁交界处，能够照亮墙壁细节，适合安在电视墙上

2. 间接照明

间接照明是将光源遮蔽而产生间接光的照明方式。

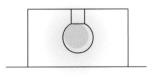

光量弱，气氛柔和

光照到天花板再反射，不易产生阴影，在视觉上抬高了天花板，适合作为轮廓照明

营造天花板挑高的效果，适合装在天花板凹处

3. 半直接照明

半直接照明指光源发出的光线有一部分直接照射到被照物上，有一部分通过间接照明照射到被照物上的照明方式。

中心光源较亮，照明范围大，光线较柔和

4. 半间接照明

半间接照明是指发光体需要经过其他介质，让光反射到需要光源的平面上。

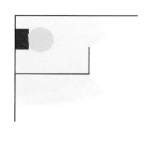

照明范围较大，光量较弱，气氛柔和

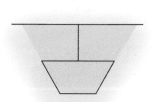

向上的光营造天花板挑高的效果，向下的光辅助照明

第三节　空间照明方案

1. 客厅照明方案

客厅照明设计主光源往往硕大明亮，辅助照明的点光源则种类多样。

住宅空间照明
设计方案

（1）以吸顶灯作为主灯

吸顶灯不会像吊灯一样有层高限制，又比筒灯有更多的款式可选择，装饰效果较好，因此对层高较低的空间来说是非常不错的选择。以灯具直径在房间对角线长度的 1/10~1/8 为标准来选择大小，会比较合适。

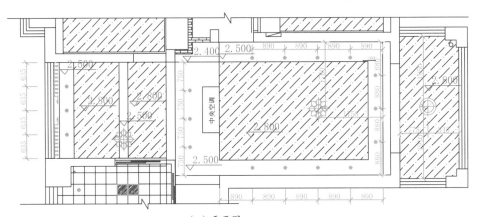

（a）平面图

图　例	
●	筒灯
⊕	吸顶灯
✵	艺术吊灯
▨	防潮吸顶灯

（b）实景图

▲ 客厅照明方案（一）

（2）以吊灯作为主灯

吊灯的装饰效果是所有灯具中最好的，只要一盏就能为空间带来不同的氛围。但是吊灯的造型、款式众多，而不同的外形会改变照明的效果，因此要选择符合使用空间特征的吊灯。吊灯的安装高度在 2130mm 以上即可。

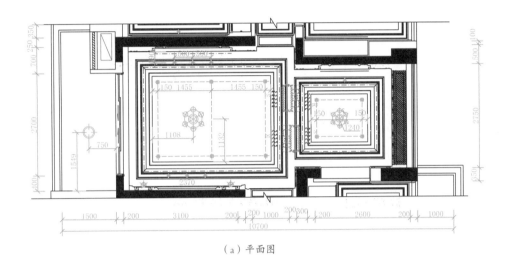

（a）平面图

（b）实景图

图例	名称
	吊灯
	吸顶灯
	壁灯
	方形筒灯
	射灯
	暗藏T5灯管
	空调主机
	出风口
	回风口

▲ 客厅照明方案（二）

（3）一体式客餐厅选用相同主灯

主灯的设计样式相同，可最大化保持客餐厅照明设计的统一性。而且，照明亮度的分布也比较均衡，不会出现一片区域过亮，一片区域过暗的情况；同时用灯带分区域的设计，对客餐厅有隐性的分隔效果，使两处空间彼此拥有独立的照明环境，互不影响。

图例	名称
✿	艺术品灯
⊕	筒灯
⊕	射灯
⊕	吸顶灯

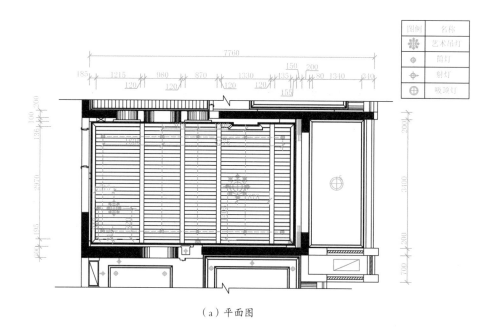

（a）平面图

（b）实景图

▲ 客厅照明方案（三）

2. 餐厅照明方案

餐厅照明大的原则是中间亮，逐渐地向四周扩散并减弱。

（1）吊灯主灯＋周围配饰性光源

餐厅吊灯首先应具有精美的设计样式，并可成为空间内的视觉主题。周围的射灯等点光源完全起到烘托氛围的作用，而不需要提供充足的照明亮度。

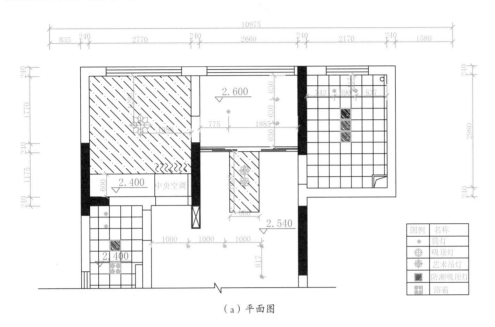

（a）平面图

（b）实景图

▲ 餐厅照明方案（一）

（2）造型主灯＋补光筒灯

主灯的造型可以精致多变，但需要符合空间内的设计风格。筒灯的照明面积大，补光效果好，适合设计在餐厅的四角，以补充照明。当主灯的照明亮度充足时，补光筒灯可换成大光斑射灯，来营造更多的光影变化。

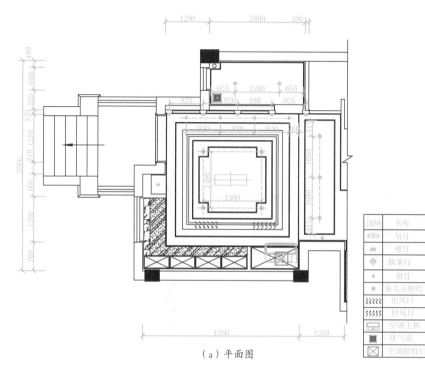

（a）平面图

图例	名称
⊟	吊灯
▵	壁灯
◈	防雾灯
✦	射灯
▪	单头、豆胆灯
≀≀≀≀≀	出风口
ʃʃʃʃʃ	回风口
▭	空调主机
▣	排气扇
⊠	空调检修口

（b）实景图

▲ 餐厅照明方案（二）

3. 卧室照明方案

卧室多用点光源来营造光影变化，用主光源来为空间提亮，形成功能区分明确的照明设计。

（1）单盏吸顶灯/吊灯 + 辅助光源

吸顶灯或小型的吊灯不会给卧室带来压抑感，同时其照明柔和、亮度适中。辅助光源的设计，主要是为了避免卧室的整体照明单调乏味，提升空间内照明的趣味性。

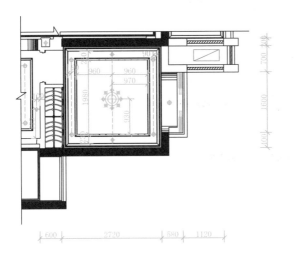

（a）平面图

图例	名称
	艺术吊灯
	筒灯
	射灯
	壁灯

（b）实景图

▲ 卧室照明方案（一）

（2）无主灯设计＋补光照明台灯

无主灯设计能够带来均衡的光线，并且显得顶面干净，不会有压迫感。桌面台灯可起到良好的补光效果，为卧室提供柔和的照明，而不会破坏静谧的居室氛围。

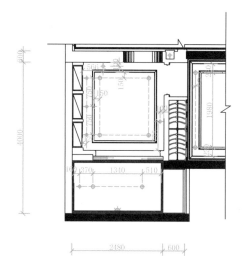

图例	名称
⊕	筒灯
✦	射灯
✸	壁灯

（a）平面图

（b）实景图

（c）实景图

▲ 卧室照明方案（二）

4. 书房照明方案

书房整体的照明亮度不能过低，同时不能设计光线刺眼的灯具。

照明筒灯 + 柔光台灯 + 书柜灯带

筒灯不同于台灯的局部照明，其负责书房内的整体照明，用于提亮空间。台灯提供局部照明，提供桌面读写需要的光照。书柜灯带可提亮书柜内的照明亮度，增加书房内的设计变化，避免照明死角的产生。

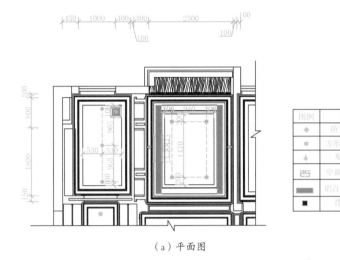

图例	名称
◆	防雾灯
■	方形筒灯
✦	射灯
▭	穿廓主机
▬	铝百页风口
■	排气扇

（a）平面图

（b）实景图

▲ 书房照明方案

5. 厨房照明方案

厨房照明突出实用性，即照明的亮度足、无死角、使用寿命长。

（1）集成照明灯

集成灯通常会设计在安装了集成吊顶的厨房内，光感接近日光照明，给人简洁、干净的感觉。适合面积较小、采光不佳的厨房。

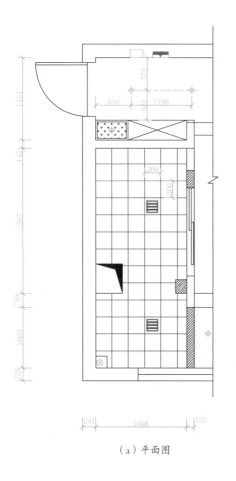

图例	名称
⊗	外置射灯
⊕	射灯
▤	吸顶灯

（a）平面图

（b）实景图

▲ 厨房照明方案（一）

（2）灯带 + 补光筒灯

厨房的主体照明由灯带与筒灯完成，可使厨房展现现代时尚的设计感。

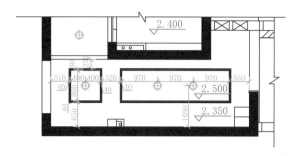

图例	名称
⊕	吸顶灯

（a）平面图

（b）实景图

▲ 厨房照明方案（二）

6. 卫生间照明方案

卫生间照明有几个层级的变化，一是主照明光源；二是镜前光源；三是淋浴光源。

（1）干区射灯、筒灯 + 湿区照明灯

射灯或筒灯安装在镜子的正上方，也可取代传统的镜前灯，但需要注意的是，射灯的照明会有轻微的阴影，使镜子中的成像受到一定的限制。

湿区面积小的卫生间，里面安装一盏大尺寸筒灯，便可满足照明需要。有时，灯暖浴霸可取代灯具，提供照明。

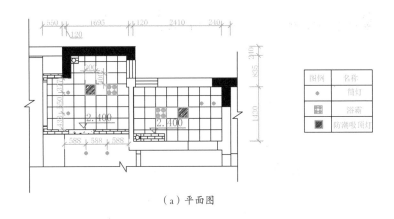

图例	名称
·	筒灯
+	浴霸
▨	防潮吸顶灯

（a）平面图

（b）实景图 　　　　　　　　　　　　（c）实景图

▲ 卫生间照明方案（一）

（2）一体式浴霸照明

只安装在设计了集成吊顶的卫生间中，对面积小的卫生间起到的作用较大，不适合设计在面积大的卫生间中。

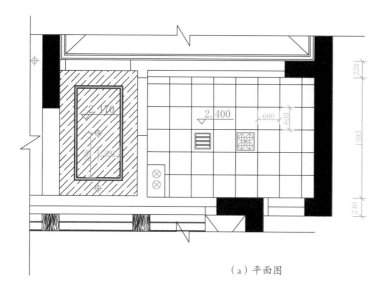

图例	名称
⊗	外置射灯
✛	射灯
▤	吸顶灯
▦	浴霸

（a）平面图

（b）实景图

▲ 卫生间照明方案（二）

（3）镜后灯带 + 照明筒灯或主灯

镜后灯带是卫生间照明常用的设计手法，可使卫生间的设计时尚而新颖，充满创意。镜后灯带的功能性较低，不能很好地取代镜前灯的作用，因此在设计时，需要在镜子上方设计必要的辅助光源。

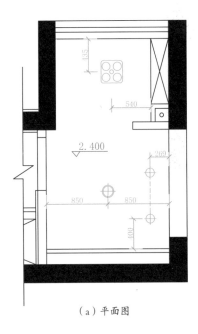

图例	名称
⊕	嵌入式筒灯
⊞	浴霸
⊕	吸顶灯

（a）平面图

（b）实景图

▲ 卫生间照明方案（三）

7. 门厅及过道照明方案

门厅及过道均属于小面积的空间，在照明设计中，不适合设计体型硕大、照明亮度强的主灯，而适合均匀分布的点光源，如筒灯、射灯。

照明筒灯组合 + 补光灯带

等距排列的筒灯，对门厅或过道的照明来说是比较充分的，可使灯光匀称地分布在每一处角落。同时可以设计灯带来补光照明，提升吊顶的整体亮度。

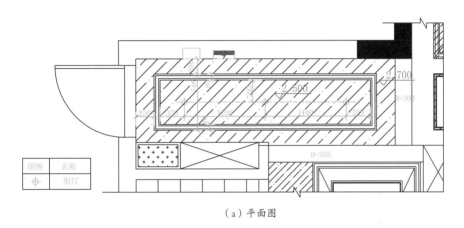

（a）平面图

（b）实景图

▲ 门厅照明方案

第四节 照明设计节点

1. 地面灯光节点

　　地面灯光主要是将灯带隐藏在地面，能够很好地进行区域划分，使空间看起来层次分明。

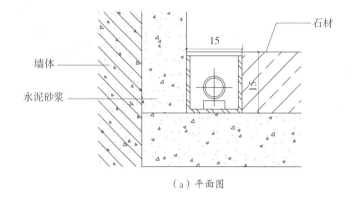

（a）平面图

（b）实景图

▲ 石材地面暗藏灯带

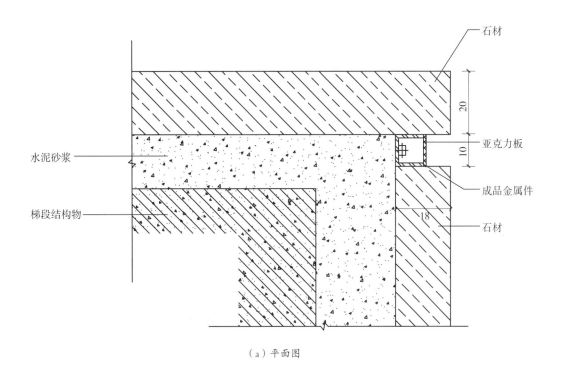

石材

20

亚克力板

水泥砂浆

10

成品金属件

梯段结构物

18

石材

（a）平面图

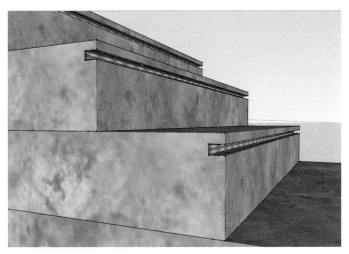

（b）效果图

▲ 踏步上方暗藏灯带

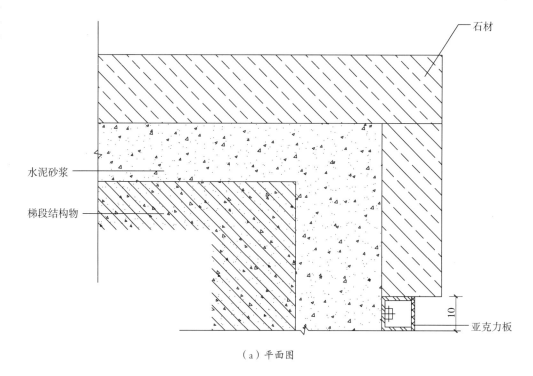

石材

水泥砂浆

梯段结构物

10

亚克力板

（a）平面图

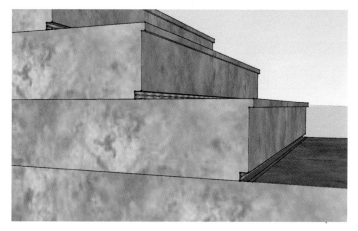

（b）效果图

▲ 踏步下方暗藏灯带

2. 墙面灯光节点

墙面灯光能够很好的塑造凹凸造型，使墙面看起来更加有立体感。

（1）阳角灯带

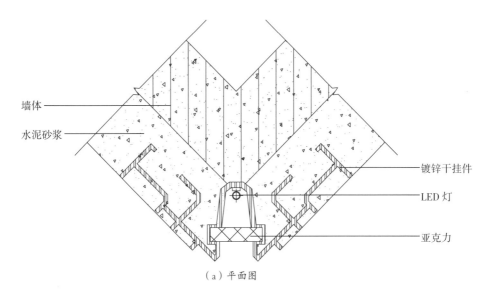

墙体

水泥砂浆

镀锌干挂件

LED 灯

亚克力

（a）平面图

（b）实景图

▲ 墙面内凹式阳角灯带

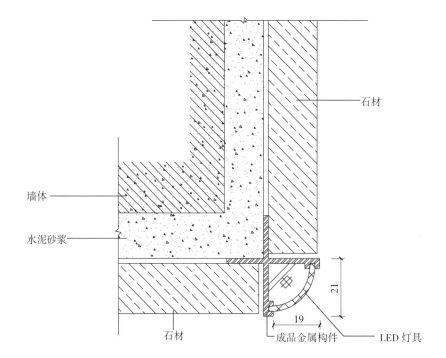

墙体

水泥砂浆

石材

石材

成品金属构件

LED 灯具

21

19

（a）平面图

（b）效果图

▲ 墙砖阳角灯带

（2）踢脚线灯光

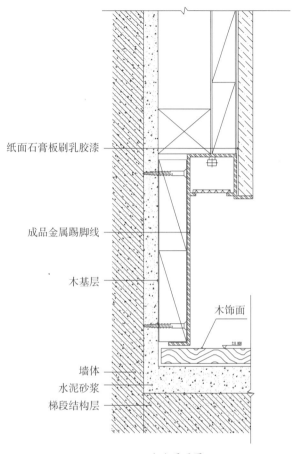

纸面石膏板刷乳胶漆

成品金属踢脚线

木基层

木饰面

墙体

水泥砂浆

梯段结构层

（a）平面图

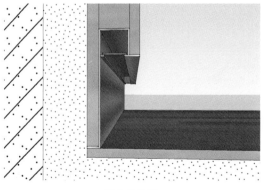

（b）效果图

▲ 内凹式踢脚线灯光

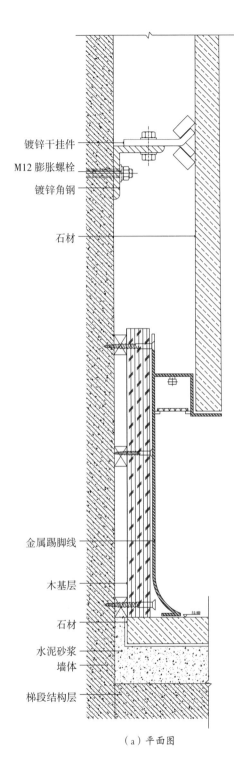

镀锌干挂件

M12 膨胀螺栓

镀锌角钢

石材

金属踢脚线

木基层

石材

水泥砂浆

墙体

梯段结构层

（a）平面图

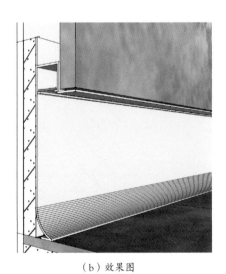

（b）效果图

▲ 凹面踢脚线内凹灯光

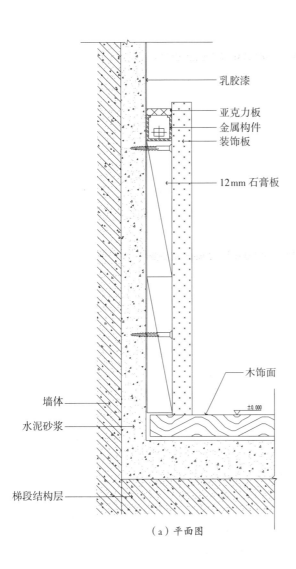

乳胶漆

亚克力板

金属构件

装饰板

12mm 石膏板

木饰面

±0.000

墙体

水泥砂浆

梯段结构层

（a）平面图

（b）效果图

▲ 直面踢脚线灯光

（3）墙面暗藏灯带

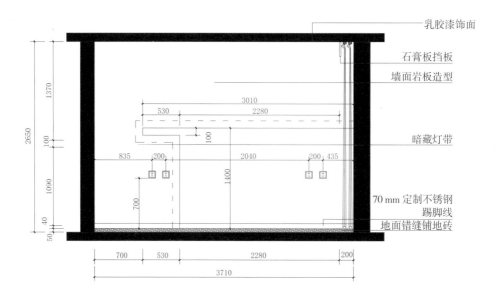

乳胶漆饰面

石膏板挡板

墙面岩板造型

暗藏灯带

70 mm 定制不锈钢踢脚线

地面错缝铺地砖

3010
530
2280
100
100
835　200
2040
200　435
1400
700
1370
2650
100
1090
40
50
700　530　2280　200
3710

（a）平面图

（b）实景图

▲ 墙面造型内暗藏灯带

3. 顶面灯光节点

在无主灯设计中，最常见的就是摒弃主灯改用灯带嵌入吊顶中，可以起到拉伸空间的作用。

（1）向顶部发光的暗藏灯带

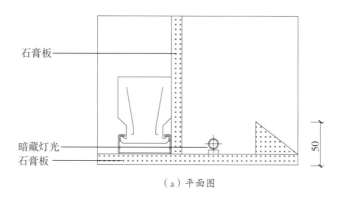

石膏板

暗藏灯光
石膏板

50

（a）平面图

（b）实景图

▲ 顶面层级内向顶部发光的暗藏灯带

（2）向地面发光的暗藏灯带

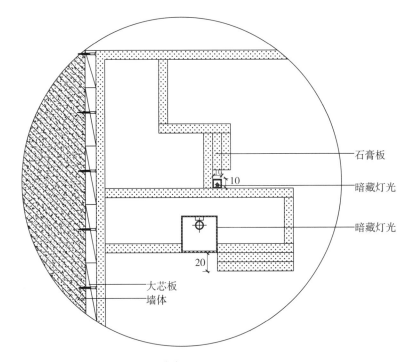

石膏板

暗藏灯光

暗藏灯光

大芯板
墙体

（a）平面图

（b）实景图

▲ 顶面向地面发光的暗藏灯带

（3）向墙壁发光的暗藏灯带

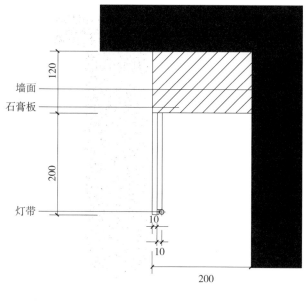

（a）平面图

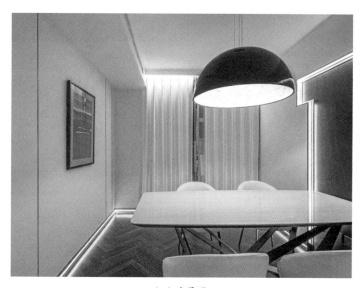

（b）实景图

▲ 无遮挡直接向墙壁打光

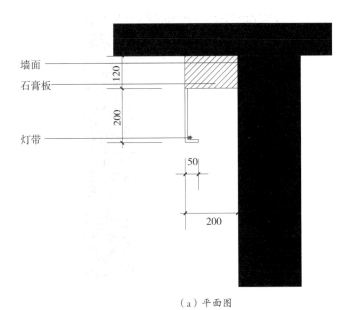

墙面

石膏板

120

200

灯带

50

200

（a）平面图

（b）实景图

▲ 有一定的遮挡，主要向斜上方的位置打光

4. 柜体内部灯光节点

柜体内使用灯带，黑暗的角落也能照射到，还能提高空间的舒适度。

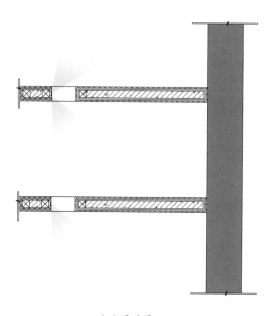

（a）平面图

（b）实景图

▲ 柜体内凹嵌的灯带

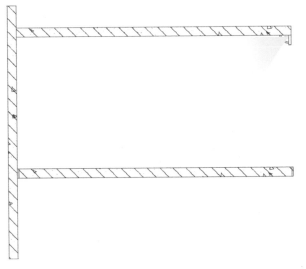

（a）平面图

（b）实景图

▲ 柜体内向下的灯带

7

室内软装设计

软装搭配需要尽早规划，可以先了解居住者的习惯、喜好等，再结合空间的基本风格，定位软装的格调和色彩，这样才不会脱离主体，使整个空间的基调保持一致。

第一节　家具设计

1. 典型风格家具

家具布置要着眼于室内环境的需要，整体环境的风格、氛围各异，因此家具的风格也要能与环境显示出和谐统一的美感。

（1）古代家具设计

古代指公元 5 世纪以前的阶段，在家具设计上西方经历了古埃及、古希腊到古罗马的演变，中国正处于殷周至秦汉时期。

古埃及

关键词：辉煌、富丽、霸气、权威。

用　材：主要是杉木、黑檀木，也使用河马牙、宝石、石片、金银、瓷片及其他金属材料。

家具特征：古埃及家具的形成受到政教思想和宗教建筑形制的影响，其风格和造型以对称为基础，比例合理，外观富丽而威严，装饰手法丰富动人，常采用动物腿形做家具腿部造型。

a）图坦卡蒙宝座

b）图坦卡蒙的画宝箱

c）哈特纳弗椅子

d）动物形态床

e）尤雅和图尤的木箱

f）赫特非尔斯黄金坐椅

g）图坦卡蒙的镀金雕饰百宝箱

h）镀金边椅

i）图坦卡蒙的柜子

▲ 古埃及家具

关键词： 宏伟、端庄、华丽、实用性、坚厚凝重。

古希腊、古罗马

用 材： 家具中结构和雕刻构件的用材为实木、大理石、青铜等；镶嵌部位的用材主要有木材、象牙、龟壳、金、银、青铜和着色剂等。

家具特征： 这一时期，经济、文化和艺术得到了空前的发展，青铜和大理石成为比较常用的材料。在这一社会背景下，椅、凳的种类较丰富，等级分明。造型简洁、线条流畅，"S" "X"形等曲线应用较广；装饰图案丰富，包括狮子、马头、海豚和人物等；出现了旋木技术。同时，古罗马椅子较古希腊的椅子更加坚固凝重，并显奢华风貌。

a）克里斯莫斯椅

b）宝座椅

c）青铜折叠三脚架

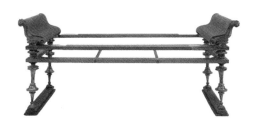

d）床榻

e）"秋葵"折叠椅

f）大理石青铜桌

g）大理石桶形椅

h）大理石圆桌

▲ 古希腊、古罗马家具

（2）中世纪家具设计

中世纪指公元5世纪后期到15世纪中期，由西罗马帝国灭亡（公元476年）开始，直到东罗马帝国灭亡（公元1453年），资本主义萌芽为止，中国此时处于南北朝至宋、元时期。

拜占庭

关键词： 体现上帝与君主统一、威严、庄重、豪华精美。

用材： 用材仍以木材为主，同时使用的还有金属、象牙、金、银、宝石。

家具特征： 家具风格基本上继承了罗马家具的形式，造型上多采用直线条，局部采用建筑构件形式，如椅背上部装有顶盖或高耸的尖顶，以体现神权的威严；雕刻和镶嵌装饰十分精细，并以象牙雕刻见长。装饰图案主要是花叶藤蔓，其间夹杂着基督教的十字架、圣徒、天使和各种动物纹样。

a）木质靠背椅

b）克西米努努斯宝座椅

c）高背雕刻椅

▲ 拜占庭家具

哥特式

关键词： 庄严、雄伟、威仪、挺拔向上的气质。

用材： 主要使用榆木、山毛榉、橡木，还有金属、象牙、金粉、银丝、宝石、大理石、玻璃等。

家具特征： 哥特式风格家具的特点是华丽矫饰，紧俏高耸，效仿建筑上的艺术手法，采用尖拱、束柱、垂饰罩、浅雕或透雕的镶板作为装饰。纹样为火焰形、三叶形和四叶形等图案，常用的木材是橡木。另外，哥特式椅子的底部常为箱形，形成坐柜、箱座靠背椅、箱座高扶手椅，最具特色的是带有垂饰罩的高背扶手椅。

a）箱式座椅

b）哥特式扶手椅

c）箱式长椅

▲ 哥特式家具

文艺复兴

关键词：华美、庄重、结实、永恒、雄伟。

用　材：用材主要为胡桃木。

家具特征：家具设计在哥特式的基础上，吸收了古希腊、古罗马的特点。在结构上基本改变了中世纪家具全封闭式的框架嵌板形式。同时，椅子品种增多，更适于大众使用；椅面多采用软包形式，提高了舒适性，但细节仍受哥特式影响较大；球形、半球形旋木腿大量使用，仍为手工制作。

a）动物爪边椅

b）核桃木橱柜

c）扶手椅

d）"X"形桌

e）箱式长椅

f）"X"形椅

g）实木雕花箱柜

h）高脚柜

▲ 文艺复兴家具

（3）近代家具设计

公元 15 世纪西方文艺复兴运动到 19 世纪西方工业革命这一段时间内，西方经历了文艺复兴运动的精神洗礼，中国在此时经历了封建社会的繁荣到衰亡。

巴洛克

关键词：宏伟、奢侈、热情、充满阳刚之气。

用　材：主要以实木为主，随着镶嵌技术的发展，大理石、仿石材、织物、骨、金属也常被使用。

家具特征：家具特点是豪华奔放，追求夸张的比例和超大的尺寸、烦琐的雕琢和装饰、亮丽的色彩、扭曲的旋制件；外观上是以端庄的体形与激情的曲线相辅而行，在构造形式上，将很多小块的装饰集中起来，重点地分为几个主要部分，使它在和谐的曲线手法下，成为一个流动感的整体；大量使用 "S" 形、"C" 形、"X" 形曲线、涡纹和卷草纹等。

a）路易十四橡木柜　　　　　b）路易十四珠宝箱　　　　　c）镀金青铜柜

▲ 法国巴洛克家具

a）查尔斯二世核桃木椅　　　b）实木雕刻壁柜　　　　　c）橡木长凳

▲ 英国巴洛克家具

a）雕花靠背椅　　　　　b）兽腿造型家具　　　　　c）雕刻扶手椅

▲ 意大利巴洛克家具

洛可可

关键词：华丽轻快、优美雅致、闪耀虚幻。

用　材：木材、石材、贝壳、织锦缎、青铜等。

家具特征：追求轻快婉约的曲线和精细烦琐的雕饰，装饰多采用动植物纹样，如玫瑰、郁金香等。雕刻描金、镶嵌花线等装饰手法和薄木贴面、镶嵌技术得到广泛应用。腿部多为"S"形，并配有猫爪或山羊脚状收回的弯曲底脚。

a）伯吉尔椅

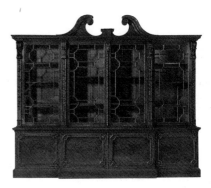

a）乔治三世红木书架

b）波罗尼斯床

b）齐宾代尔式写字桌

c）马奎斯侯爵妇人椅

▲ 意大利巴洛克家具

c）齐宾代尔式情人椅

▲ 英国洛可可家具

新古典主义

关键词：精炼、雅致、优美。

用　材：最喜欢用的木材是胡桃木，其次是桃花心木、椴木、乌木等。

家具特征：以雕刻、镀金、嵌木、镶嵌陶瓷及金属等装饰方法为主，整体造型曲线少、直线多；旋涡表面少，平直表面多，显得更加轻盈优美。

a）橡木柜　　　　　　　　　b）珠宝柜　　　　　　　　　c）镀金青铜柜

▲ 新古典主义家具

a）赫普怀特的桃花心木椅　　　　　　　b）托马斯·喜来登的书桌

▲ 英国新古典主义家具

中国明式家具

关键词：造型优美、选材考究、制作精细。

用　材：多采用硬质的树种，如紫檀、花梨、铁力木和红木等。

家具特征：明式家具特别讲究线条美。它不以繁缛的花饰取胜，而侧重于家具外部轮廓的线条变化，因物而异，各呈其姿，给人强烈的曲线美。

a）灯挂椅

b）黄花梨玫瑰椅

c）黄花梨文椅

d）四出头官帽椅

e）圆后背交椅

f）黄花梨圈椅

▲ 明式家具

中国清式家具

关键词：厚重、奢靡、华丽。

用　材：用料讲究清一色，或紫檀或红木，各种木料互不掺用。

家具特征：家具装饰华贵、风格独特、雕刻精巧，极富欣赏价值。但过于注重技巧，一味追求富丽奢华，烦琐的雕饰往往破坏了整体感，而且造型笨重。

a）清代太师椅

b）梳背式官帽椅

▲ 清式家具

（4）现代家具设计

工业革命的兴起，人类开始用机械大批量地生产各种产品，设计活动便进入到一个崭新的阶段——工业设计阶段。西方现代设计经过不断的发展最终形成了当代多元化发展的格局，而中国则在现代设计中出现了空白区。

风格派

关键词： 抽象、几何。

家具特征： 家具整体造型体现出一种精确的几何味道，以方块为基础元素，以红、黄、蓝三原色为主调。考虑造型美感的同时，兼顾机械加工的便利，形成了可以批量生产的家具形式，重视设计的实用性。

a）红蓝椅

b）曲折椅

▲ 风格派家具

包豪斯学派

关键词： 简洁、实用、灵活、变化丰富。

用　材： 玻璃、金属、胶合弯曲木板等成为主要的设计材料，目前被广泛应用。

家具特征： 家具造型简洁，注重设计的空间感和体量感，形成了强调实用功能，适宜批量生产的国际式设计；新材料的开发和使用使家具设计更加丰富，新颖。

a）瓦西里椅

b）巴塞罗那椅

d）柯布西耶躺椅

e）编织椅

f）悬臂椅

▲ 包豪斯学派家具

北欧家具

关键词： 简洁、造型别致、符合人体尺寸。

用　材： 钟爱天然材料，如木材、藤、棉布和其他织物等，还大胆运用新材料、新工艺。

家具特征： 家具造型简单随意、没有过多装饰；注重功能，强调实用，以耐久性为设计出发点。注重舒适性，无论整体还是细节，都注意人体工程学的应用。

a）伊姆斯椅

b）天鹅椅

c）熊椅

d）蚁椅

e）孔雀椅

f）蛋椅

g）索乃特14号椅

h）卡路赛利椅

i）45号单椅

▲ 北欧家具

2. 家具定制

　　家具定制体现了室内设计对人性化的追求，它既可以合理利用室内各种空间，又能够和整个室内环境相配合。

（1）电视柜

（a）实景图

（b）立面图

▲ 电视柜设计案例（一）

（a）实景图

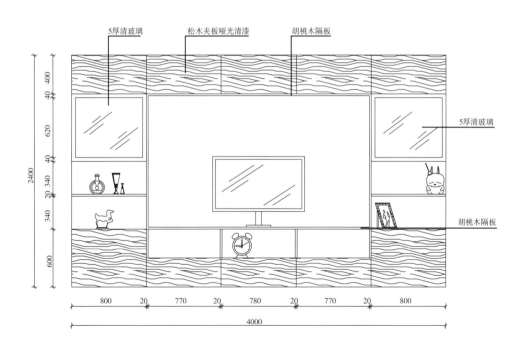

（b）立面图

▲ 电视柜设计案例（二）

（2）隔断柜

（a）实景图

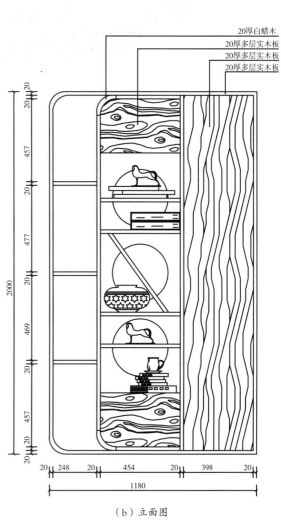

20厚白蜡木
20厚多层实木板
20厚多层实木板
20厚多层实木板

（b）立面图

▲ 隔断柜设计案例（一）

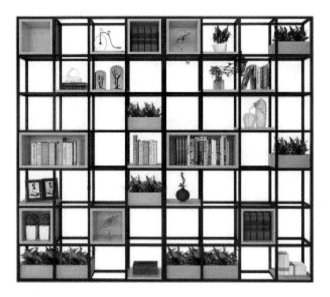

（a）实景图

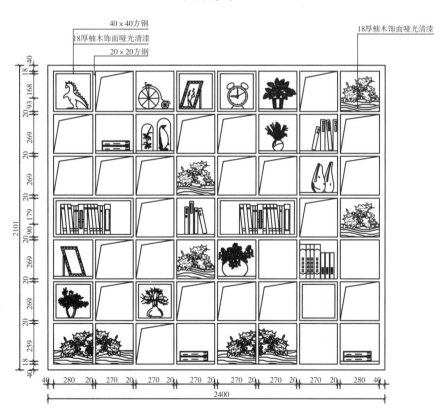

（b）立面图

▲ 隔断柜设计案例（二）

（3）壁柜

（a）实景图

16厚榉木隔板

（b）立面图

▲ 壁柜设计案例（一）

（a）实景图

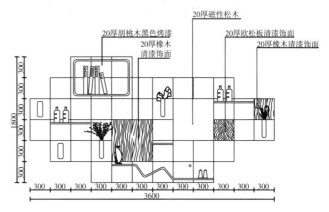

（b）立面图

▲ 壁柜设计案例（二）

（a）实景图

16厚中密度纤维板

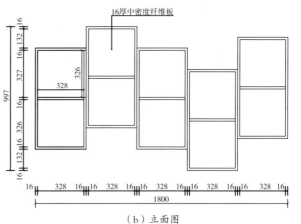

（b）立面图

▲ 壁柜设计案例（三）

（4）卡座

（a）实景图

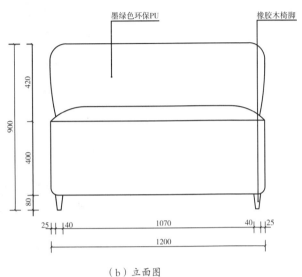

（b）立面图

▲ 卡座设计案例（一）

（a）实景图

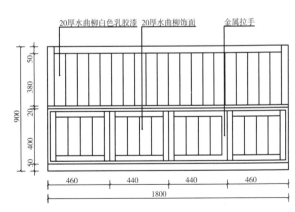

（b）立面图

▲ 卡座设计案例（二）

（5）玄关柜

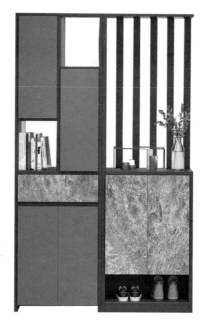

（a）实景图

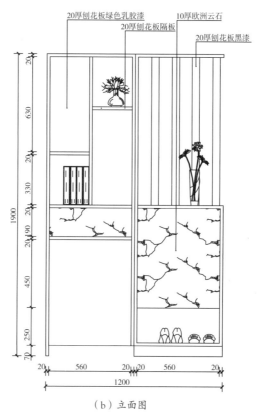

（b）立面图

▲ 玄关柜设计案例（一）

（a）实景图

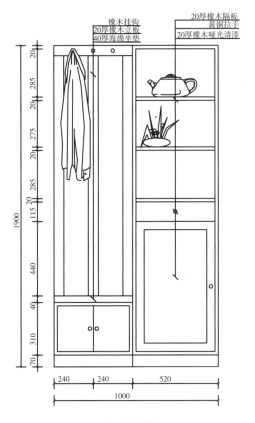

橡木挂钩
20厚橡木立板
40厚海绵坐垫

20厚橡木隔板
黄铜拉手
20厚橡木哑光清漆

（b）立面图

▲ 玄关柜设计案例（二）

（6）储物床

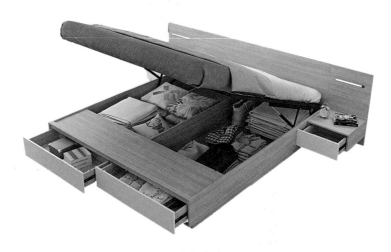

（a）实景图

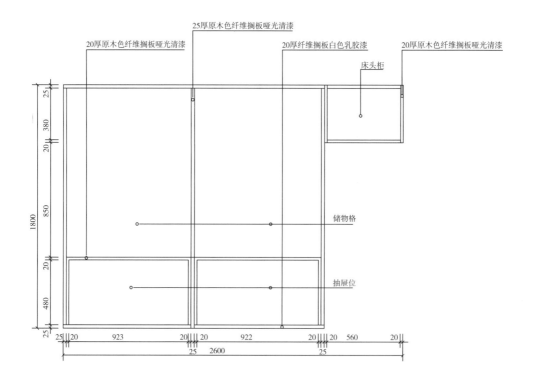

（b）立面图

▲ 储物床设计案例（一）

（a）实景图

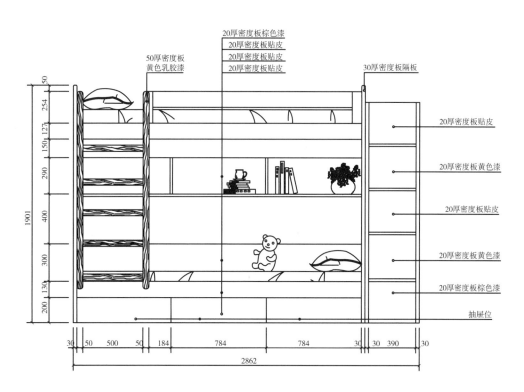

50厚密度板
黄色乳胶漆

20厚密度板棕色漆
20厚密度板贴皮
20厚密度板贴皮
20厚密度板贴皮

30厚密度板隔板

20厚密度板贴皮

20厚密度板黄色漆

20厚密度板贴皮

20厚密度板黄色漆

20厚密度板棕色漆

抽屉位

50 254 150 127 290 400 300 130 200

1901

30 50 500 50 184 784 784 30 30 390 30

2862

（b）立面图

▲ 储物床设计案例（二）

（7）衣柜

（a）实景图

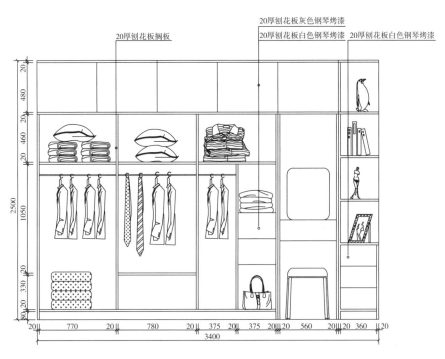

（b）立面图

▲ 衣柜设计案例（一）

（a）实景图

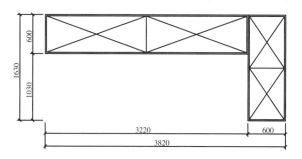

（b）平面图

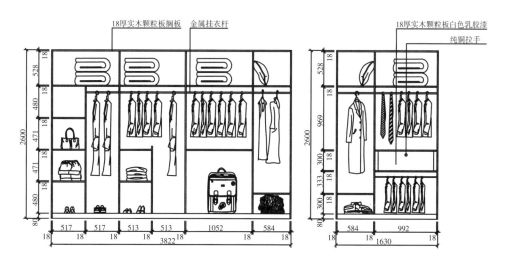

（c）立面图

▲ 衣柜设计案例（二）

（8）书柜

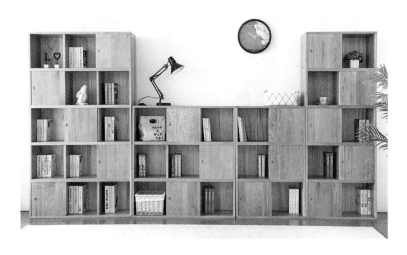

（a）实景图

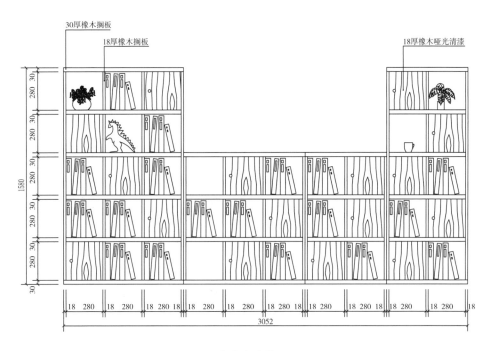

（b）立面图

▲ 书柜设计案例（一）

（a）实景图

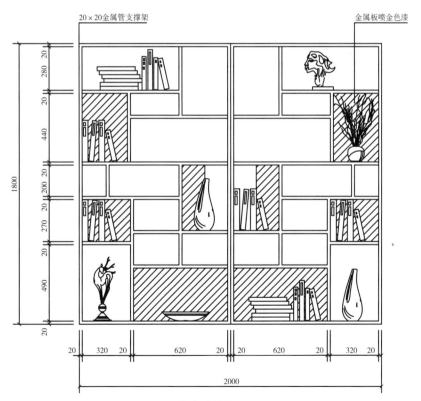

20×20金属管支撑架　　　　　　　　　　　金属板喷金色漆

（b）立面图

▲ 书柜设计案例（二）

（9）橱柜

（a）实景图

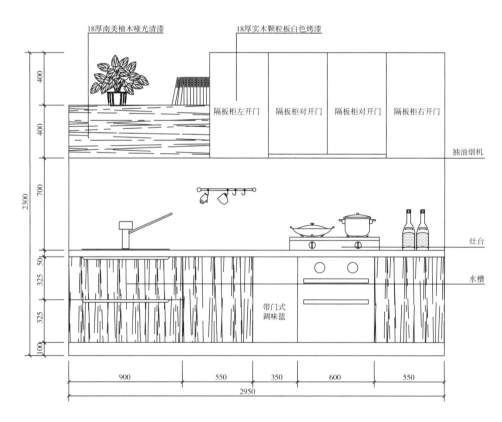

（b）立面图

▲ 橱柜设计案例（一）

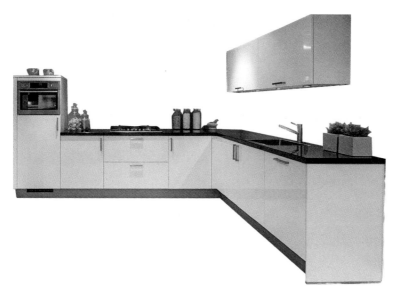

（a）实景图

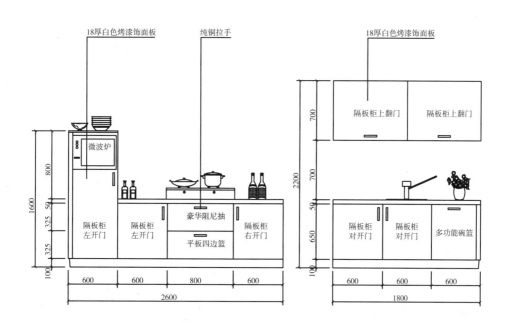

18厚白色烤漆饰面板　　　　纯铜拉手　　　　　　　18厚白色烤漆饰面板

微波炉

隔板柜上翻门　　隔板柜上翻门

隔板柜
左开门　　隔板柜
左开门　　豪华阻尼抽　　隔板柜
右开门

平板四边篮

隔板柜
对开门　　隔板柜
对开门　　多功能碗篮

600　　600　　800　　600

2600

600　　600　　600

1800

（b）立面图

▲ 橱柜设计案例（二）

第二节　布艺设计

1. 窗帘

窗帘的主要功能是调节光线、温度、声音和视线，但其装饰性也是非常值得重视的。

窗帘素材

（1）窗帘的整体造型

／ 平拉式窗帘 ／

平拉式窗帘式样平稳匀称、简洁，是一种最普通的窗帘式样，开启方式灵活方便，制作和安装均比较简单，适用于大多数窗户。

／ 掀帘式窗帘 ／

掀帘式窗帘的帘头一般固定在窗帘杆或窗帘轨道上，窗身可掀向一侧后固定在窗帘扣上，也可向两侧掀起固定在两边，适合高大的室内空间中面积较大的窗户。

／ 升降式窗帘 ／

升降式窗帘可上下自由升降，达到既遮阳又不影响光线的效果。但因升降式窗帘多以小页单幅的造型为主，常被运用到室内空间宽度小于 1.5m 的窗户上。

／ 绷窗固定式窗帘 ／

绷窗固定式窗帘的窗身上下两端分别套在窗户上下两个窗帘杆或窗帘轨道上，可左右平拉展开。这种式样常用在空间中不常开启的玻璃窗上，如阁楼、卫生间等。

／ 半悬挂式窗帘 ／

半悬挂式窗帘一般悬挂在窗户的下半部，起到一定的遮挡和装饰作用，造型活泼而简单，并能够营造出轻松活跃的室内气氛。适用于对室内空间隐私要求不太高的场所。

／ 窗幔式窗帘 ／

窗幔是指窗帘上端造型新颖别致的一种短布帘，它可以很好地遮挡较粗糙的窗帘杆以及窗帘顶部和房顶之间的空白区域。该形式的窗帘常被运用在古典风格和田园风格的空间中。

（2）窗帘的结构

① 窗身

/ 普通窗身 /

普通窗身是生活中最为常见造型之一，它垂直悬挂、左右开合、造型简洁、使用方便。

/ 卷帘式窗身 /

卷帘式窗身是以窗帘顶部的圆管为轴心，并可围绕该轴心进行旋转，从而带动帘体上升或下降。外表美观简洁，可使窗框显得干净利落，进而让整个室内空间更加宽敞简约。

/ 百叶式窗身 /

百叶式窗身不仅能随意调整室内光线，有效抵挡紫外线的辐射，还可以实现居住者对居室私密性的需求。

/ 折叠式窗身 /

折叠式窗帘同卷帘的功能相似，都可通过拉动拉绳来调节室内光线，但折叠式窗帘造型更具特色，装饰效果更佳。根据折叠形式及其外观形象的不同，折叠式窗帘又分为风琴帘、折叠式罗马帘、水波式窗帘、扇形罗马帘等多种造型形式。

② 窗帘头

▲ 吊带式窗帘头

▲ 扣眼式窗帘头

▲ 穿槽式窗帘头

▲ 裙皱式窗帘头

③ 窗幔

（a）平行竖褶皱窗幔

（b）花形窗幔

（c）镶边窗幔

（d）褶皱式窗幔

（e）流苏装饰的窗幔

▲ 直式窗幔窗帘

▲ 曲式垂花式窗幔窗帘

④ 配件

▲ 窗帘杆

▲ 窗帘扣

▲ 窗帘扣带

（3）窗帘的图案特征

① 窗帘的图案类型

（a）几何图案窗帘

（b）吉祥图案窗帘

（c）花草图案窗帘

▲ 中国传统图案

（a）佩兹利涡旋纹窗帘

（b）莨苕叶纹窗帘

（c）大马士革纹窗帘

（d）朱伊纹窗帘

▲ 欧洲传统图案

② 窗帘图案的构图

/ 渐变式构图 /

　　渐变式构图的窗帘图案是纹样由上往下，逐渐由稀变密或由密变稀，产生一种定向变化的节奏感，形成一种静中有动的艺术效果。

/ 棋盘式构图 /

　　窗帘图案的构图多采用的是棋盘式，画面恰似棋盘，纹样散布其上，纹样之间的距离均匀，给人以平实、丰满之感。

/ 直立式构图 /

　　直立式构图的窗帘图案有一个基本纹样，在垂直方向上反复连续排列而成，有明显向上的倾向，给人单纯、稳定的感觉。

③ 窗帘图案的布局

/ 清地型图案 /

清地型图案是面料中的纹样占据的面积小，而底色的面积较大的图案。自然类风格的窗帘中常用到清地图案，表现出清新秀丽的风格。

/ 满地型图案 /

满地型图案的纹样占画面大部分空间，有的甚至见花不见地，其效果层次丰富，画面热闹华美。表现满地图案，需对整体图案的风格以及图案的造型、色彩等进行重点刻画。满地图案的窗帘构图常用在豪华气派的古典类风格的图案设计中。

/ 混地型图案 /

混地型图案是花与地的比例大致相同，视觉效果舒畅、适中，因此，混地图案的窗帘纹样要求丰富和多变化，避免产生过于平均、缺少变化等问题。

2. 地毯

　　地毯不仅是提升空间舒适度的重要元素，其图案、质感也在不同程度上影响着空间的装饰效果。

地毯素材

（1）常用地毯材质

▲ 羊毛地毯

▲ 合成纤维地毯

▲ 编织地毯

▲ 动物皮毛地毯

（2）地毯铺设方式

① 客厅

沙发椅子脚不压地毯边，只把地毯铺在茶几下面。这种铺毯方式，对小客厅空间是特别好的选择。

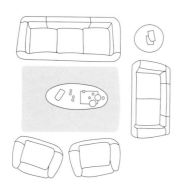 

将沙发或者椅子的前半部分压着地毯，这适合中等面积、家具靠墙放的客厅。这种方法可以营造出良好的空间比例感。

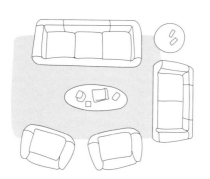 

地毯完全铺在沙发和茶几下。如果客厅比较大，这种铺毯方式是比较合适的，定义了大客厅的某个区域是会客区。但是要考虑沙发的后腿与地毯边距离为 15~20 cm 较合适。

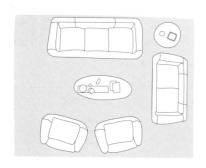 

② 卧室

　　如果床放在角落，那么可以在床边区域铺设一条地毯。地毯的宽度大概是两个床头柜的宽度，长度跟床的长度一致，或比床略长。

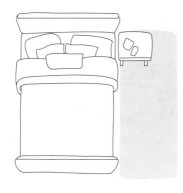 

　　将床和床头柜全部放在地毯上，这种形式适合面积较大的卧室，看上去比较华丽。

　　将地毯铺在除了床头柜以外的床下是最常见的形式。露出部分的地毯距离床尾为90 cm 较佳，左右两边露出的地毯尽量不要比床头柜的宽度窄。

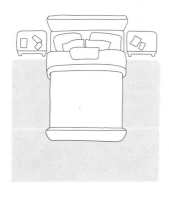 

如果床两边的距离较小，不适合放置地毯，那么可以选择在床尾放一块小尺寸地毯，地毯长度和床的宽度一致，地毯的宽度不超过床的长度的一半。或者单独在床尾铺一条地毯。

全铺的形式适合有两个孩子的卧室，这可以避免孩子磕碰受伤。

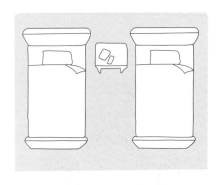

将地毯放在除了床头部分以外的床下面，适合床头靠墙摆放的卧室。

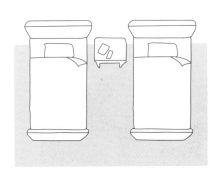

③ 餐厅

圆形餐桌可以搭配圆形地毯，地毯可以比餐桌长出 60cm，这样看上去比较舒适。

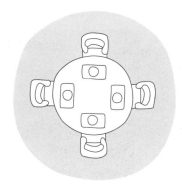 

圆形餐桌也可以搭配正方形地毯，比较适合开放型餐厅，视觉上可以有分区的作用。

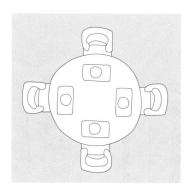 

长方形的餐桌最好搭配长方形的地毯，地毯的大小最好是超过人坐在餐桌前的范围，或是超出餐桌边大概 60cm。

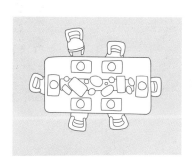 

④ 厨房

厨房铺设地毯一般选择小尺寸的，铺设在洗手池下方区域。

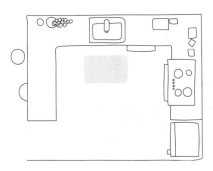

如果是开放式的厨房，可以在通道上铺设地毯，还兼具装饰效果。

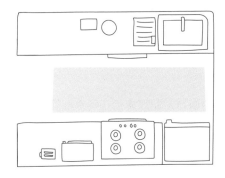

3. 抱枕

沙发与抱枕的合理搭配，不仅赏心悦目，而且能充分发挥抱枕的使用功能。

抱枕素材

（1）常见抱枕形状

▲ 正方形抱枕

▲ 长方形抱枕

▲ 圆形抱枕

▲ 圆柱形抱枕

▲ 不规则形状抱枕

▲ 卡通抱枕

（2）抱枕的摆放方式

/ 对称摆法 /

将抱枕左右对称摆放，数量、大小、款式也尽量平衡对称，这样能给人整齐有序的感觉。

/ 非对称摆法 /

可以一侧集中摆放多个抱枕，另一侧放一个抱枕。这种组合方式看起来更富有变化。这种摆法也可以运用在古典类风格中的贵妃榻上。

/ 多层摆法 /

对于座位比较宽的沙发，可以选择前后叠放的方式摆设抱枕，摆放时可以将最大的抱枕放在最里面，稍小的放在最外面，这样看起来层次比较分明。

第三节 陈设设计

1. 装饰画

选择装饰画的首要原则是与空间的整体风格相一致，即不同空间应悬挂不同题材的装饰画。

装饰画素材

（1）装饰画种类

（a）字画

（b）书法

（c）中国画

（d）西洋画

（e）工艺画

（f）民间绘画

▲ 绘画

（2）悬挂方式

/ 对称挂画法 /

采用同一色系或内容相同、相似的挂画，使画面更显统一。

/ 重复挂画法 /

用画风相似、大小相同、画框相同的画进行等距重复悬挂。视觉冲击力较强，适用于墙面面积较大的空间。

/ 均衡挂画法 /

左右装饰画在大小、数量上有一定变化，但在视觉上仍给人以对称、均衡的感觉。

/ 边线挂画法 /

让一组画的某一边对齐，使画面显得统一又有变化。对齐的边线可以是一组画的底部、顶部、左边或右边。

/ 边框挂画法 /

用一组画构成一个虚拟的方框，使整个挂画看起来整齐，方框内部则可以有大小、横竖的变化。这种挂法容易获得统一感，且能避免单调感。

/ 对角线挂画法 /

一般是由低到高或由高到低的连续性挂画，如果将组画的外边缘看作一个矩形，最左边或最右边的一幅画各处在对角线的两端。

/ 结构挂画法 /

依据室内建筑的结构选择挂画方式，这种挂画法一般会用较多的作品进行组合。

/ 自由挂画法 /

即不规则挂画法，这种挂法没有固定的模式，比较自由，给人放松、自然、休闲的感觉。

/ 搁置法 /

指将装饰画直接放在搁板或家具上，使之能够与摆件更好地融合在一起。装饰画与摆件可以随时调整或更换位置。

2. 工艺摆件

工艺摆件可以提升空间的格调，但同一空间中摆件数量不宜过多，摆设时要注意构图原则。

（1）常见工艺摆件材质

▲ 木雕工艺品摆件

▲ 水晶工艺品摆件

▲ 编织工艺品摆件

▲ 玻璃工艺品摆件

▲ 铁制工艺品摆件

▲ 陶瓷工艺品摆件

（2）工艺摆件陈列构图

① 桌几类陈列构图

▲ 陈列构图

▲ 直角三角形构图

▲ 几何形组合构图

② 柜类陈列构图

▲ 三角形构图

▲ 对称型构图

▲ 大小对比构图

3. 花器与花艺

花器的摆放和花艺的选择讲究与周围环境相协调融合。

花器花艺素材

（1）花器材质

/ 陶瓷花器 /

陶瓷花器的品种极为丰富，或古朴或抽象，既可用作家居陈设，又可用作插花的器皿。适合中式古典风格、新中式风格、地中海风格、日式风格等。

/ 玻璃花器 /

颜色鲜艳，晶莹透亮，非常适合现代风格、简欧风格等。

/ 编织花器 /

编织花器是用藤、竹、草等材料制成的花器，具有朴实的质感，适合东南亚风格、地中海风格、日式风格、田园类风格。

/ 树脂花器 /

树脂花器硬度较高，款式多样、色彩丰富，质感比塑料细腻，高档的树脂花器也常被视为工艺品。适合多种风格使用。

/ 金属花器 /

金属花器是指由铜、铁、银、锡等材料制成的花器，运用不同的工艺制作，能展现出不同的效果。适合现代风格、简欧风格、新中式风格、北欧风格等。

/ 竹木花器 /

竹木花器造型典雅、色彩沉着、质感细腻，不仅是花器也是工艺品，具有很强的感染力和装饰性。适合日式风格、中式古典风格、东南亚风格等。

（2）花器形状

/ 圆长柱形花器 /

花艺的数量以瓶口大小而定，最好高出瓶口一定距离。

/ 长方形花器 /

此类花器线条简约，适合花形简洁的花艺。

/ 阔身圆形花器 /

这类花器适合花形比较大的花，这样上下可以形成平衡的和谐之美。

/ 大肚子花器 /

此类花器瓶身大，瓶口小，本身装饰较强，花艺选择不宜过多，一到两枝为宜。

/ 波浪形花器 /

这类花器瓶身造型独特，可配合一或两枝花头撑开的花艺。

/ 喇叭形花器 /

此类花器带有古典韵味，搭配热烈的西式花艺较为适合。

（3）花艺风格

/ 西方花艺 /

特点：色彩艳丽、浓厚，花材种类多，注重几何构图，追求繁盛效果。

适合风格：欧式古典风格、简欧风格、美式乡村风格、法式田园风格等。

/ 东方花艺 /

特点：以中国和日本为代表，着重表现自然的姿态美，多采用淡色彩，以优雅见长。

适合风格：中式古典风格、新中式风格、日式风格、现代简约风格。

（4）花艺造型

① 东方花艺造型

/ 直立式 /

花型轮廓：枝正直。

造型寓意：挺拔、积极、理智。

适用花器：低矮的盘器。

/ 平卧式 /

花型轮廓：枝的倾斜度在 60°~90° 之间（以垂直竖线为基准），枝的折点在 10cm 左右的位置。

造型寓意：奔放、个性。

适用花器：高低器皿均适用。

/ 倾斜式 /

花型轮廓：枝的倾斜度在 30°~60° 之间（以垂直竖线为基准），枝的折点在 15cm 左右的位置。

造型寓意：秀美、柔软、悠闲。

适用花器：高低器皿均适用。

/ 下垂式 /

花型轮廓：枝的倾斜角度大于 90°（以垂直竖线为基准）。

造型寓意：随性、自由。

适用花器：高器皿。

② 西方花艺造型

───── /半球形/ ─────

花型轮廓：呈球状形态。

结构形态：均匀、紧凑、圆润。

适用花器：高低器皿均适用。

───── /三角形/ ─────

花型轮廓：呈三角形态，可等腰或不规则。

结构形态：均衡、优美、整齐。

适用花器：高低器皿均适用。

───── /倒T型/ ─────

花型轮廓：呈反向英文字母T形态。

结构形态：平衡、直立、修长。

适用花器：高脚瓷器、玻璃花瓶。

───── /L形/ ─────

花型轮廓：呈英文字母L形态。

结构形态：均匀、平衡、直立。

适用花器：陶瓷花器、玻璃花器、金属花器。

───── /水平形/ ─────

花型轮廓：呈水平形态。

结构形态：低矮、宽阔、中央稍高，四周渐低。

适用花器：高脚器皿、低脚器皿均可。

───── /弯月形/ ─────

花型轮廓：呈月牙弯形态。

结构形态：曲线、艺术、流动。

适用花器：口部宽阔、高脚。

4. 室内绿化

室内绿化装饰就是把自然景观浓缩加工并引入室内。

（1）植物的观赏类型

观花植物	荷包花、矮牵牛、一串红、四季报春、金鱼草、仙客来、扶桑、杜鹃、一品红、非洲秋海棠、倒挂金钟、大花惠兰等
观叶植物	肾蕨、花叶芋、花叶万年青、龟背竹、吊兰、秋海棠、巴西木、垂叶榕、橡胶榕、发财树等
观果植物	金桔、佛手、黄金果、冬珊瑚、火棘、石榴、虎舌红、朱砂根等
多肉多浆植物	仙人球、昙花、令箭荷花、金琥、量天尺、芦荟、玉莲、虎刺梅、虎皮兰、七宝树等
盆景	榔榆、五针松、罗汉松、贴梗海棠、六月雪等

（2）室内绿化配置方式

▲ 孤植

▲ 群植

▲ 附植

▲ 列植

8

第八章

室内设计工程制图

室内设计的造型、尺寸和方法，都不是纯绘画或语言文字所能描述清楚的，必须借助一系列的制图来完成。现在不同客户有不同的艺术品位和要求，再加之新技术、新材料和新工艺的快速发展，工程制图作为设计表达的方式之一显得更加重要。

第一节　制图规范

1. 图纸幅面

　　为便于图纸的装订与管理，图幅大小均应遵照国家标准规定，并且应以一种规格为主，尽量避免大小幅面掺杂使用。

（1）幅面及图框尺寸

单位：mm

尺寸代码 ＼ 幅面代号	A0	A1	A2	A3	A4
$B \times L$	841×1189	594×841	420×594	297×420	210×297
c		10		5	
a			25		

（2）图纸幅面规格

图纸长边加长尺寸

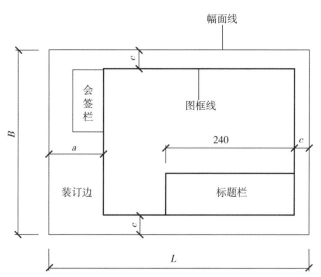

▲ 图纸横式幅面及其尺寸代号

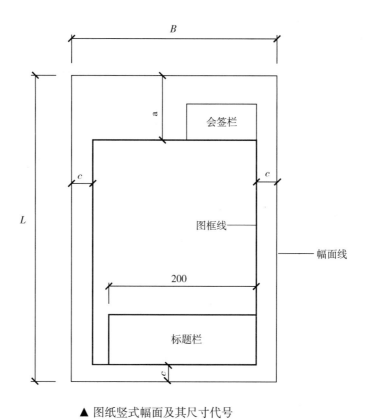

▲ 图纸竖式幅面及其尺寸代号

（3）图纸长边加长尺寸

单位：mm

幅面尺寸	长边尺寸	长边加长尺寸
A0	1189	1486、1635、1783、1932、2080、2230、2378
A1	841	1051、1261、1471、1682、1892、2102
A2	594	743、891、1041、1189、1338、1486、1635、1783、1932
A3	420	630、841、1051、1261、1471、1682、1892

2. 标题栏与会签栏

标题栏的内容包括设计单位名称、工程名称、图纸名称、图纸编号、项目负责人、设计人、绘图人、审核人等。

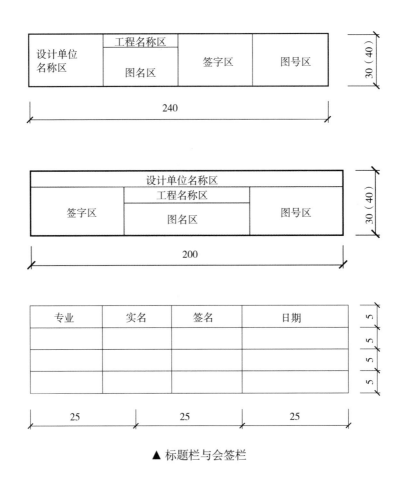

▲ 标题栏与会签栏

3. 图样比例

图样比例应为图形与实物相对应的线性尺寸之比，比例的大小是指比值的大小。

（1）比例的注写

平面图 1：100

⑥ 1：100

（2）绘图常用比例

建筑总图	1：500、1：1000
总平面图	1：50、1：100、1：200、1：300
分区平面图	1：50、1：100
分区立面图	1：25、1：30、1：50
详图大样	1：1、1：2、1：5、1：10

4. 图线线型

不同的线宽和线型表示不同的轮廓线、中心线、断开线等。

（1）基本线型及用途

单位：mm

名称	线型	线宽	用途
粗实线	——	b	用于可见轮廓线，平面、立面、剖面图的剖面线
中实线	——	0.5b	空间内主要转折面及物体线角等外轮廓线
细实线	——	0.25b	地面分割线、填充线、索引线、尺寸线、尺寸界线、标高符号、详图材料做法引出线
中虚线	- - - - -	0.5b	不可见轮廓线
细虚线	··········	0.25b	灯槽、暗藏灯带、不可见轮廓线
细单点长画线	—·—·	0.25b	中心线、对称线、定位轴线
粗单点长画线	—·—·	0.5b	图样索引的牙轮廓线
细双点长画线	—··—·	0.25b	假想轮廓线、成型前原始轮廓线
粗双点长画线	—··—·	0.5b	假想轮廓线、成型前原始轮廓线
折断线	—⁄\—	0.25b	图样的省略截断画法
波浪线	∿∿∿	0.25b	断开界线

（2）线型笔宽

单位：mm

线宽比	线宽组					
	A0、A1	A1	A1、A2	A2	A3、A4
b	2.0	1.4	1.0	0.7	0.5	0.35
0.5b	1.0	0.7	0.5	0.35	0.25	0.18
0.25b	0.5	0.35	0.35	0.18	0.18	0.01

（3）图框线、标题栏线的宽度

单位：mm

幅面代号	图框线	标题栏外框线	标题栏分格线、会签栏线
A0、A1	1.4	0.7	0.35
A2、A3、A4	1.0	0.7	0.35

5. 尺寸标注

图样上的尺寸应以尺寸数字为准，不得从图上直接量取。

（1）尺寸的组成

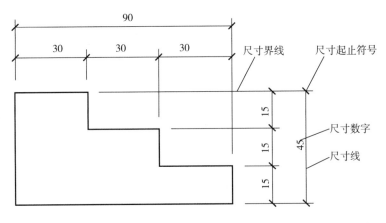

▲ 尺寸标注样式

▲ 尺寸数字的注写方式

（2）圆的标注

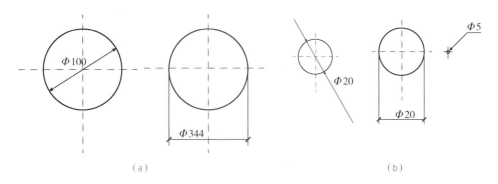

（a）　　　　　　　　　　　　　　（b）

▲ 圆的尺寸标注

（3）圆弧的标注

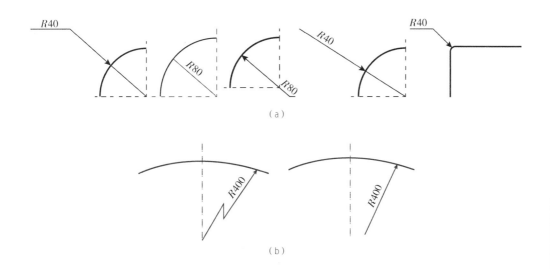

（a）

（b）

▲ 圆弧半径的标注方法

（4）多个构配件的标注

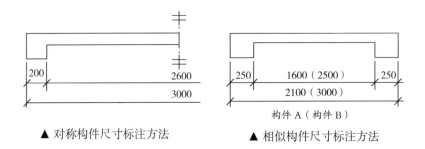

▲ 对称构件尺寸标注方法　　　　▲ 相似构件尺寸标注方法

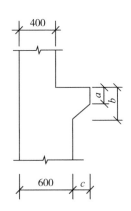

▲　相似构配件尺寸表格式标注方法

相似构配件尺寸标注说明表格

构件编号	a	b	c
Z-1	200	200	200
Z-2	250	450	200
Z-3	200	450	250

（5）坡度的标注

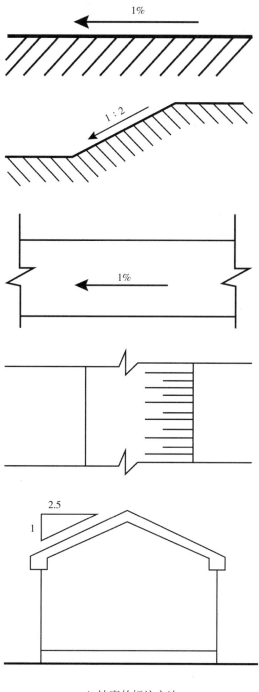

▲ 坡度的标注方法

第二节　制图符号

1. 索引符号与详图符号

图样中的某一局部或构件如需另见详图，应以索引符号将其索引出来。

制图字体要求

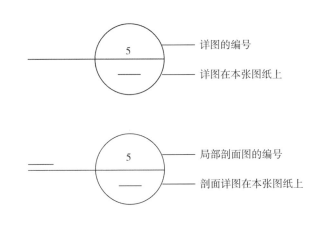

- 详图的编号
- 详图在本张图纸上

- 局部剖面图的编号
- 剖面详图在本张图纸上

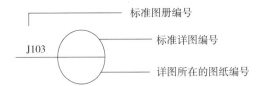

- 标准图册编号
- 标准详图编号
- 详图所在的图纸编号

▲ 详图索引符号

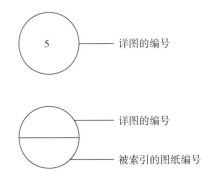

- 详图的编号

- 详图的编号
- 被索引的图纸编号

▲ 详图符号

2. 标高符号

标高符号的尖端应指向被标注的高度，尖端可向上也可向下。

▲ 总平面图标高

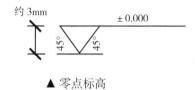

▲ 零点标高

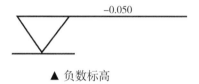

▲ 负数标高

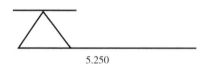

▲ 正数标高

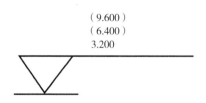

▲ 一个标高符号标注多个标高数字

3. 定位轴线

定位轴线用细点画线表示，沿水平方向的编号采用阿拉伯数字从左向右注写，沿垂直方向的编号采用大写拉丁字母从下向上注写。

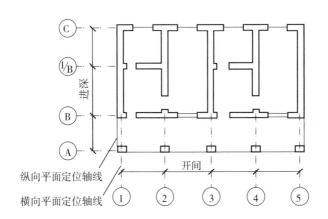

▲ 定位轴线及编号方法

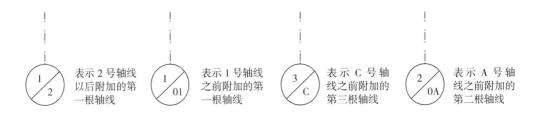

表示 2 号轴线以后附加的第一根轴线

表示 1 号轴线之前附加的第一根轴线

表示 C 号轴线之前附加的第三根轴线

表示 A 号轴线之前附加的第二根轴线

▲ 附加定位轴线编号

用于两根轴线时　　　用于三根或三根以上轴线时　　　用于三根以上连续编号的轴线时

▲ 详图的轴线编号

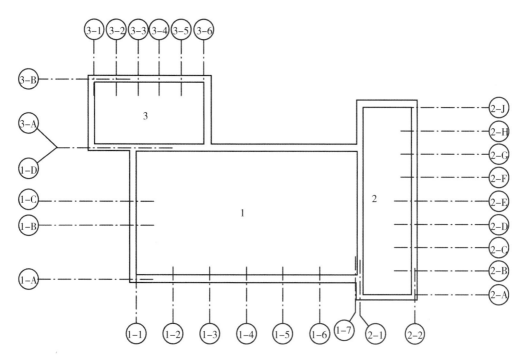

▲ 定位轴线的分区编号

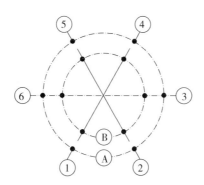

▲ 圆形平面定位轴线的编号

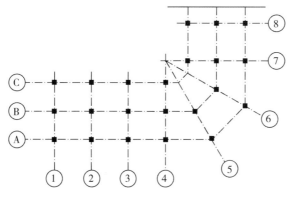

▲ 折线形平面定位轴线的编号

4. 引出线

引出线可用于详图符号、材料或标高等符号的索引。

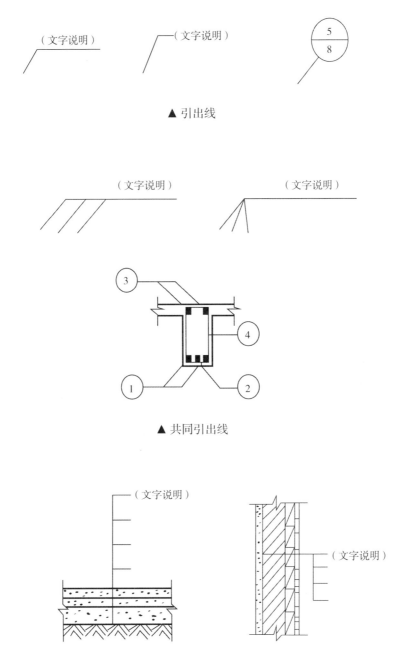

▲ 引出线

▲ 共同引出线

▲ 多层构造引出线

5.剖切符号和断面符号

剖切符号应由剖切位置线及剖视方向组成，以粗实线绘制；断面符号应只用剖切位置线表示，并以粗实线绘制。

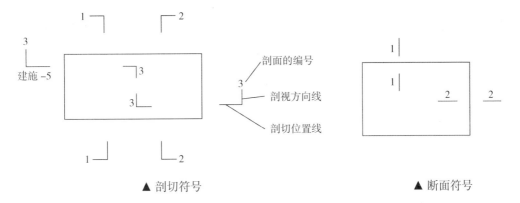

▲ 剖切符号

▲ 断面符号

6.其他制图符号

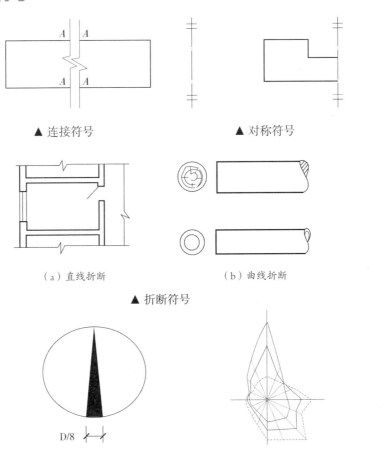

▲ 连接符号

▲ 对称符号

（a）直线折断

（b）曲线折断

▲ 折断符号

D/8

▲ 指北针

▲ 风玫瑰图

第三节　施工图制图标准

1. 施工图图例

剖面 / 大样图材质填充	立面图材质填充	
密封胶／玻璃胶剖面填充	墙纸填充0	乳胶漆饰面填充1
18mm木工板剖面填充	墙纸填充1	乳胶漆饰面填充2
隔音棉剖面填充	墙纸填充2	玻璃填充1
石膏板剖面填充	墙纸填充3	玻璃填充2
木材剖面填充	墙纸填充4	玻璃填充3
瓷砖／石材剖面填充	墙纸填充5	玻璃填充4
免漆板剖面填充	墙纸填充6	玻璃填充5
多层夹板板填充	墙纸填充7	镜子填充
	墙纸填充8	
	墙纸填充9	
	墙纸填充10	夹丝玻璃填充1
	墙纸填充11	夹丝玻璃填充2
	墙纸填充12	夹丝玻璃填充3
	墙纸填充13	
	皮革软包1	
	皮革软包2	

立面图材质填充

不锈钢填充1	立面墙体填充1
不锈钢填充2	立面墙体填充2
不锈钢填充3	立面楼板填充
不锈钢填充4	立面天花内部填充
	内部填充
大理石填充1	水泥砂浆填充1
大理石填充2	水泥砂浆填充2
大理石填充3	水泥砂浆填充3
大理石填充4	钢沥混凝土填充
大理石填充5	木饰面填充1
大理石填充6	木饰面填充2
	木饰面填充3
马赛克填充	木饰面填充4
青砖填充	木饰面填充5
天然石材填充	木饰面填充6
特别填充1	木饰面填充7
特别填充2	木饰面填充8
	木饰面填充9
	木饰面填充10

2. 施工图识读

（1）平面图识读

① 从底层看起，先看图名、比例和指北针，了解此张平面图的重点内容、绘图比例及房屋朝向。

② 从底层平面图看起，在底层平面图上看建筑门厅、室外台阶、花池和散水的情况。

③ 看房屋的外形和内部墙体的分隔情况，了解房屋平面形状和房间分布、数量、用途及相互间的联系。

④ 看图中定位轴线的编号及其间距尺寸，了解各承重墙或柱的位置及房间大小，先记住大致的内容，以便施工时定位放线和查阅图纸。

⑤ 看平面图中的内部尺寸和外部尺寸，从各部分尺寸的标注，得知每个房间的开间、进深、门窗、空调孔、管道以及室内设备的大小、位置等，不清楚的要结合立面、剖面，一步一步地看。

⑥ 看门窗的位置和编号，了解门窗的类型和数量，还有其他构配件和固定设施的图例。

⑦ 在底层平面图上，看剖面的剖切符号，了解剖切位置及其编号。

⑧ 看地面的标高、楼面的标高、索引符号等。

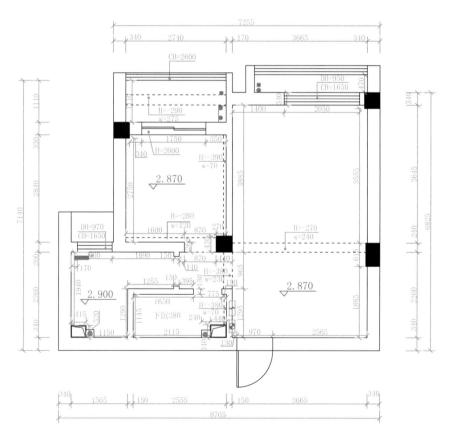

▲ 原始建筑平面图

（指甲方提供的原土建平面图）

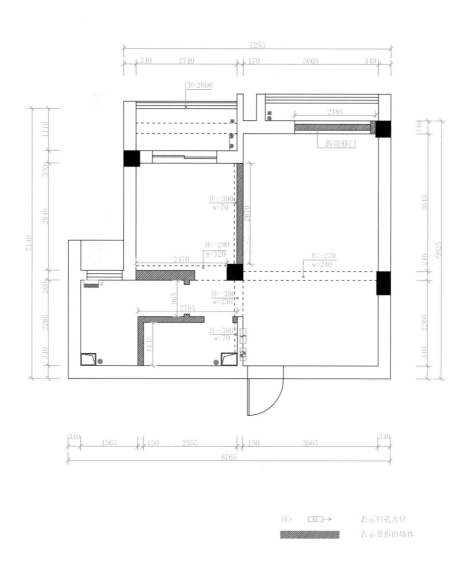

CH=2600

7255
340 2740 170 3665 340

1110
380
2840 7140
2600
2260
340

8765
340 1565 150 2555 150 3665 340

2185
拆除移门

340
3645 6865
210
2260
340

H=-390
w=70

H=-280
w=120

2470

2570

H=-270
w=240

H=-380
w=230

965

2705

1115

H=-380
w=70

注： ⟨R⟩→   表示打孔方位

⬛▨▨▨▨   表示要拆的墙体

▲ 建筑墙体拆除平面图

（指可以拆除的墙体的位置、尺寸平面图）

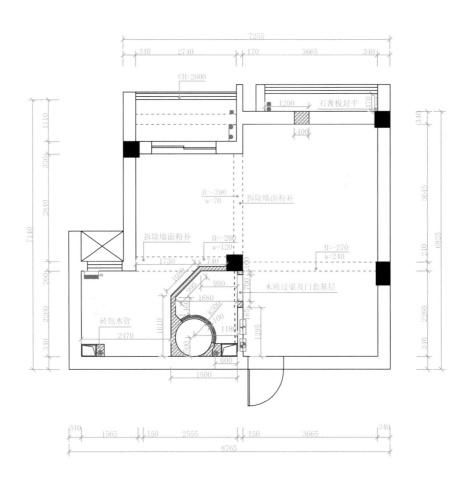

注： 表示轻质砖墙

表示木龙骨石膏板隔墙

- - - - - - - 表示墙体虚拟定位

▲ 墙体新建平面图
（指新建墙体位置、尺寸、造型的平面图）

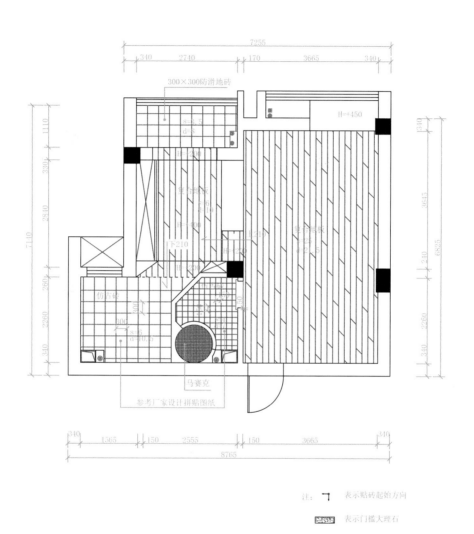

注： ⌐ 表示贴砖起始方向

⊞ 表示门槛大理石

▲ 地面铺装材料平面图

（确定地面不同装饰材料的铺装形式与界限、确定铺装材料的开线点；
异形铺装材料的平面定位及编号；还可表示地面材质的高度）

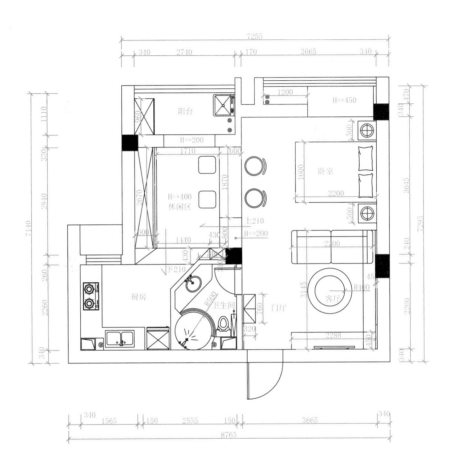

▲ 家具布置平面图
（指家具的摆放位置图，具体可分为固定家具、活动家具、到顶家具）

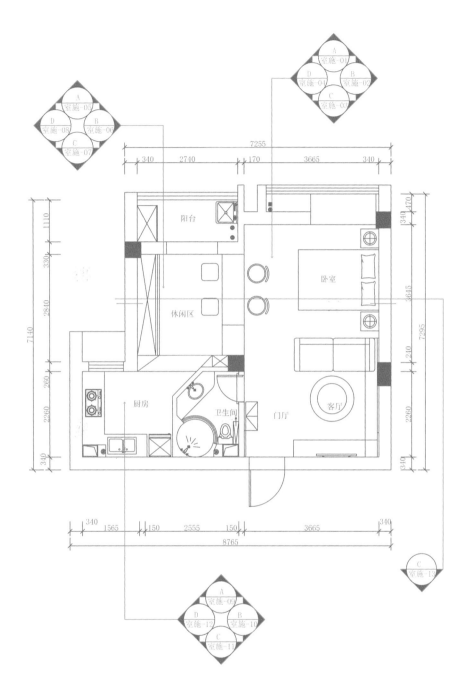

▲ 立面索引平面图

（用于表示立面及剖立面的指引方向）

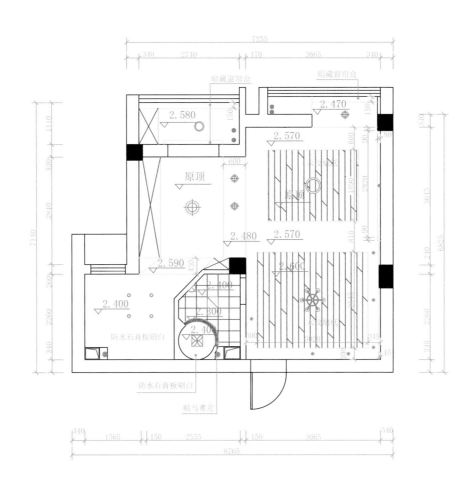

▲ 顶棚造型平面图
（用于表示顶棚造型起伏高差、材质及其定位尺度）

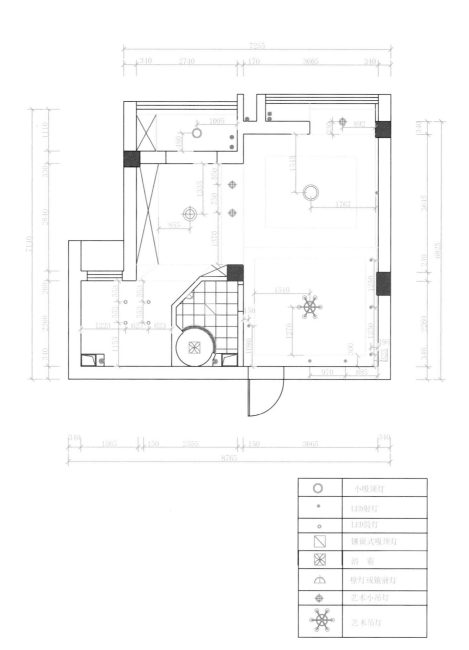

○	小吸顶灯
·	LED射灯
○	LED筒灯
⊠	镶嵌式吸顶灯
⊠	浴 霸
△	壁灯或镜前灯
⊕	艺术小吊灯
✸	艺术吊灯

▲ 顶棚灯具位置平面图
（用于灯具的定位）

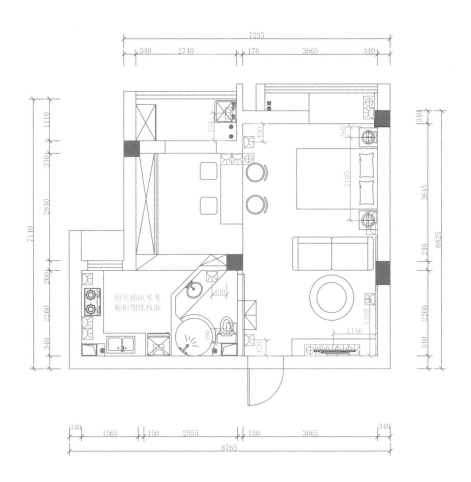

注：强弱电要分开开槽同距300以上，金属管除外。

一般插座高H=300（净高），空调挂机插座H=2200。热水器插座H=1800。

中央空调、暖通、或其他用电回路另计（参照其产品设计说明）

图例	名　称
⊠	三眼插座
◎	有线电视
⊙	音响插座
⊞	空调插座
⊟	电话线
⊕	宽带线

▲ 地面机电插座布置平面图

（地面插座及立面插座开关等位置平面）

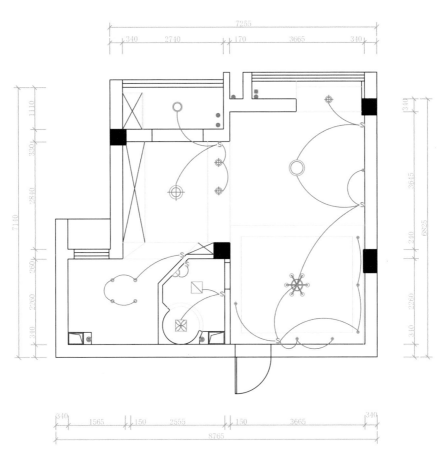

◎	小吸顶灯
·	LED射灯
○	LED筒灯
▱	镶嵌式吸顶灯
▨	浴　霸
⌂	壁灯或镜前灯
✦	艺术小吊灯
✹	艺术吊灯

▲ 机电开关连线平面图
（指开关控制各空间灯具的连线平面图）

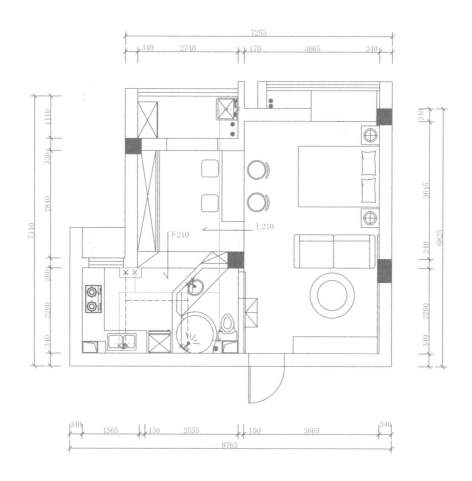

注：给排水参照相应产品说明核实

给水接口	×
热水器	××
冷水管	——
热水管	----

▲ 给排水、暖气设备位置平面图
（给排水、暖气等设备位置的定位）

（2）立面图识读

① 先看立面图上的图名和比例，再看定位轴线确定是哪个方向上的立面图及绘图比例是多少，立面图两端的轴线及其编号应与平面图上的相对应。

② 看建筑立面的外形，了解门窗、阳台栏杆、台阶、屋檐、雨篷、出屋面排气道等的形状及位置。

③ 看立面图中的标高和尺寸，了解室内外地坪、出入口地面、窗台、门及屋檐等处的标高位置。

④ 看房屋外墙面装饰材料的颜色、材料、分格做法等。

⑤ 看立面图中的索引符号、详图的出处、选用的图集等。

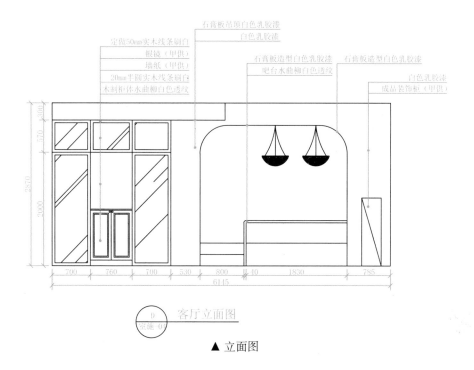

▲ 立面图

（3）剖面图识读要点

① 先看图名、轴线编号和绘图比例。将剖面图与底层平面图对照，确定建筑剖切的位置和投影的方向，从中了解剖面图表现的是房屋哪一部分，向哪个方向的投影。

② 看建筑重要部位的标高。

③ 看楼地面、屋面、檐线及局部复杂位置的构造。楼地面、屋面的做法通常在建筑施工图的第一页建筑构造中选用了相应的标准图集，与图集不同的构造通常用引出线指向需要说明的部位，并按其构造层次依次列出材料等说明，有时绘制在墙身大样图中。

④ 看剖面图中某些部位坡度的标注。

⑤ 看剖面图中有无索引符号。剖面图不能表达清楚的地方，应注有索引符号，对应详图看剖面图，才能将剖面图真正看明白。

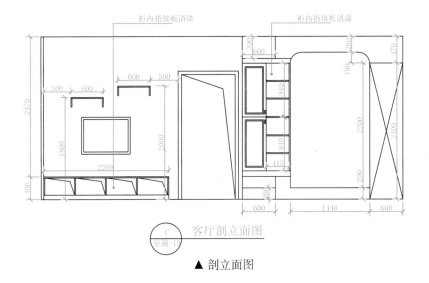

▲ 剖立面图

（4）节点大样图识读

① 套用标准图或通用图的建筑构配件和节点，不会特意另外画图。

② 建筑构造节点详图，除了会在平、剖、立面图的有关部位绘注索引符号，还会在图上绘注详图符号和写明详图名称，以便对照查阅。

③ 建筑构配件详图，一般会在所画的详图上写明该建筑构配件的名称和型号、页次等，不会在平、剖、立面图上绘索引符号。

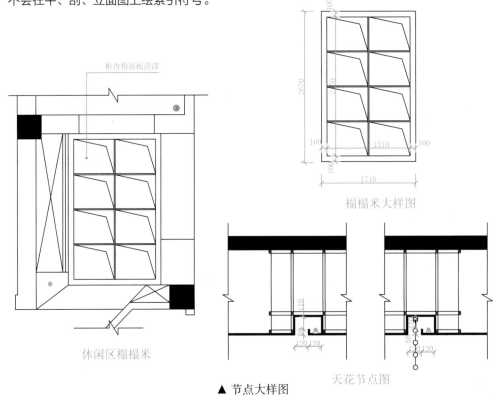

▲ 节点大样图